全国安全员岗位培训教材

U0202438

建设工程安全生产技术与管理实务
——建筑安装工程

中国安装协会　组织编写

中国建筑工业出版社

图书在版编目（CIP）数据

建设工程安全生产技术与管理实务——建筑安装工程/中国安装协会组织编写. —北京：中国建筑工业出版社，2017.4
全国安全员岗位培训教材
ISBN 978-7-112-20361-1

Ⅰ. ①建… Ⅱ. ①中… Ⅲ. ①建筑工程-安全生产-岗位培训-教材②建筑安装工程-安全生产-岗位培训-教材 Ⅳ. ①TU714

中国版本图书馆 CIP 数据核字（2017）第 012906 号

本书是中国安装协会组织国内多家大型安装企业组织编写的安全生产便携手册，内容主要分两部分，第一部分建筑机电工程施工安全技术与管理通用要求；第二部分专业工程施工安全技术与管理要求。

本书适合安装工程人员安全生产培训教材，也可作为相关专业大中专院校学生参考使用。

责任编辑：张　磊　郦锁林
责任设计：李志立
责任校对：李美娜　姜小莲

全国安全员岗位培训教材
建设工程安全生产技术与管理实务——建筑安装工程
中国安装协会　组织编写
*
中国建筑工业出版社出版、发行（北京海淀三里河路9号）
各地新华书店、建筑书店经销
霸州市顺浩图文科技发展有限公司制版
北京建筑工业印刷厂印刷
*
开本：787×1092毫米　1/16　印张：9¼　字数：224千字
2017年5月第一版　2017年5月第一次印刷
定价：**29.00**元
ISBN 978-7-112-20361-1
（29799）

本书编委会

主　　　　编：刘世岩

副　主　编：孙　晖

参加编写人员：（按姓氏笔划排列）

丁民坚　王治宇　朱宝吉　毕浦良　张国祥

胡　马　费岩峰　徐建龙　韩胜祥　童洪滨

曾庆江　傅会伦

前　言

党的十八届五中全会和《国民经济和社会发展第十三个五年规划纲要》明确提出，要牢固树立安全发展观念，加强全民安全意识教育，实施全民安全素质提升工程。

安全是什么？对于一个人来说，安全是健康和幸福；对于一个家庭来说，安全是和睦与安乐；对于一个企业来说，安全是发展和壮大；对于国家，安全就意味着伟大和强盛。

作为建筑行业，特别是机电安装行业，安全风险存在于施工生产的全过程，如何通过对风险进行识别、评估、管理和控制，将风险限制在安全的范围内，消除风险可能带来的隐患，是我们保证安全的重要管理手段。任何发展都不能以牺牲人的生命为代价，这是我们安全生产工作必须坚持的红线。

为全面提高安装企业特别是安全管理人员的风险辨识、隐患排查治理、事故应急处置等安全管理能力，推动企业加强安全文化建设，进一步提升全行业的安全文明素质，我们编写了本书。本书共分为两大章，内容包含了机电工程通用安全及专业安全技术和管理要求。

本书由中国安装协会组织编写，得到北京市设备安装工程集团有限公司、上海市安装工程集团有限公司、浙江省工业设备安装集团有限公司、陕西建工安装集团有限公司、盛安建设集团有限公司、中建一局集团安装工程有限公司等相关单位领导和工作人员的大力支持和帮助，在此一并表示感谢！

本书的谬误之处在所难免，恳请各位专家和读者给以批评指正。

目 录

1　建筑机电工程施工安全技术与管理通用要求

1.1　预留预埋阶段安全管理

1.1.1　预留预埋施工概述

机电安装工程的预留预埋施工主要包括配合测量、结构、给水排水、通风空调、电气安装等专业。在整个工程的施工中，各专业工种必须相互协调配合，才能使整个工程安全有序地进行，如果其中某一个专业只考虑本专业的工作，势必会影响其他专业的工作，同时本专业工作也将无法持续进行。这将给整个机电安装工程施工带来巨大损失，这种损失不仅局限于工期上，也会造成安全、经济、质量上的损失。因此，施工中，各专业工种协调配合，严格按施工程序施工是做好预留预埋阶段安全施工的重要前提。

1.1.2　预留预埋阶段安全技术措施

预留预埋阶段的主要危险源是：交叉作业、高处作业、临边作业、洞口作业、电焊作业、沟坑内作业等。

1）上下交叉作业时，不得在同一垂直面上下同时作业，当无法避免时，要设置可靠的隔离防护措施。

2）禁止作业人员在防护栏杆、平台下方休息。

3）严禁作业人员在楼层板的模板没有完全支设好时就上到平台作业，如果必须进行作业，应协调配合土建做好安全措施，防止坠落事故发生。

4）临边、洞口作业前，必须检查临边的防护栏杆是否设置齐全牢固，是否挂好安全网。不具备设置防护栏、安全网条件时，应设置安全绳。高处作业必须系挂安全带。

5）高处作业使用的工器具必须放入工具袋，随用随取；高处作业所使用的材料、配件等必须搁置平稳可靠不得有掉落的危险。严禁上下抛掷物料、工器具，防止落物伤人事故发生。

6）上下平台应走安全通道。安全通道未设置完时，应使用梯子上下，严禁攀爬脚手架上下。

7）焊接、气割操作须遵守焊工安全操作规程。

8）不得利用脚手架、轨道、龙门架或电梯井架等作为电焊机的接地地线。

9）进行焊接作业，必须有专人全过程实行动火监护，防止焊渣掉落到安全网上损坏安全网或造成火灾。

10）夜间加班作业必须有充足的照明，并且要同时配备手电筒。

11）在进出现场的途中必须集中精力，随时注意脚下、头顶、身侧有无异常，不要踩踏预留孔洞口的覆盖物，不要靠近孔洞口、不要走堆放废弃材料的周边，经过施工中的楼梯等通道时注意楼梯侧边。不要踩踏施工中楼梯的模板上面。

12）遇到大雨、大雾、六级及以上的大风等气候恶劣的天气，不得进行高处作业也不得进行电焊作业。

13）电器的电源取接、电器维修与更换等必须有持证电工进行。

14）所有配电箱内的漏电保护器每天在上下班前必须由专业电工予以检查试验，确认其动作灵敏可靠，当作业过程中漏电保护器掉闸，不得强行合闸，必须由电工查明原因消除故障之后才能合闸使用。

15）冬、雨期施工，必须按冬、雨期施工措施进行。

16）使用切割机前应先检查机器是否完好，锯片是否符合要求，空载运行无异常后按操作说明正确使用，运行过程中发生异常时立即停机检查，排除故障后方可继续使用。

17）沟坑内施工应依据土质情况，做好护坡等防止坍塌的专项安全技术措施。

1.2 吊装及运输工程

吊装及运输工程是建筑机电安装施工必不可少的重要环节。起重吊装作业是指使用起重设备将被吊物提升或移动至指定位置，并按要求安装固定的施工过程；吊装工程相关的运输作业一般是指吊装前使用运输工具将被吊物移动至起吊点的施工过程。

1.2.1 概述

1. 吊装及运输工程施工特点、难点

1）吊装及运输工程概述

建筑安装工程中暖通与空调、给水排水、消防、变配电、动力照明等系统涉及大量的重型设备，如空调箱、风机、消声器、大型阀部件、锅炉、冷水机组、冷却塔、水泵、分集水器、柴油发电机组、环控电控柜等，其垂直吊装和运输过程存在较大风险和不确定性。而机电设备是整个建筑工程的"心脏"部分，不仅功能重要且价格昂贵，设备吊装顺利与否，关系到整个工程能否顺利竣工，因此做好大型设备的吊装和二次运输工作至关重要。

2）设备吊装施工特点、难点

（1）工程实物量多，吊装周期长、工期紧，立体交叉作业难以避免，对各工种交叉配合作业的安全防护措施要求较高。

（2）部分设备单体质量大，在空中逗留时间长，安全风险较大，对起重器具、设备吊耳的安全性和吊装区域的清场率要求较高。

（3）超高层建筑的预留孔吊装作业，往往伴随钢结构和玻璃幕墙施工单位同时多维立体交叉施工，相互干扰因素多。

（4）受高楼风及各类环境干扰因素大，吊装难度高，安全性难以保证。

（5）超高层建筑的高空易形成雾霾，阻碍吊机视线，导致指挥讯号不清。

（6）地下室设备一般通过预留口吊装进入，对起重司机的操作技能、司索工的个体安全防护和机械设备的安全管理等要求较高。

（7）部分设备定制加工周期长，且常伴有工程变更和设计修改，导致部分设备在超高层建筑的外幕墙封闭后进场，只能通过预留口吊装，易对幕墙结构产生破坏并造成危险。

（8）结构安装阶段现场环境较差，多工种交叉配合作业，导致设备输运的障碍物较多，对运输方式的采用、起重器具的选择和场地的清理等要求较高。

2. 常用的索具吊具

1）麻绳

（1）麻绳的性能与用途

麻绳具有质地柔韧、轻便、易于捆绑、结扣及解脱方便等优点，但其强度较低，一般麻绳的强度，只为相同直径钢丝绳的10%左右，而且易磨损、腐烂、霉变。

麻绳在起重作业中主要用于捆绑物体；起吊500kg以下的较轻物件；当起吊物件或重物时，麻绳拉紧物体，以保持被吊物体的稳定和在规定的位置上就位。

（2）麻绳的种类

按制造方法，麻绳分为土法制造和机器制造两种。

土法制造麻绳质量较差，不能在起重作业中使用。

机制麻绳质量较好，它分为吕宋绳、白棕绳、混合绳和线麻绳四种。

（3）麻绳的许用拉力计算

麻绳正常使用时允许承受的最大拉力为许用拉力，它是安全使用麻绳的主要参数。由于工地无资料可查，为满足安全生产，方便现场计算，麻绳的许用拉力一般采用以下经验公式估算：

$$S = \frac{45d^2}{K} \tag{1-1}$$

式中　S——许用拉力（N）；

　　　d——麻绳直径（mm）；

　　　K——安全系数。

麻绳的安全系数 K 的取值，作一般吊装用时取≥3，吊索及缆风绳用时取≥6，重要起重吊装用时取10，旧绳使用时必须按新绳的50%许用拉力计算。

2）钢丝绳

钢丝绳具有断面相同、强度高、弹性大、韧性好、耐磨、高速运行平稳并能承受冲击荷载等特点，是吊装中的主要绳索，可用作起吊、牵引、捆扎等。

（1）钢丝绳的构造特点和种类

钢丝绳按捻制的方法分为单绕、双绕和三绕钢丝绳三种，双绕钢丝绳先是用直径0.4～3mm，强度140～200kg/mm² 的钢丝围绕中心钢丝拧成股，再由若干股围绕绳芯拧成整根钢丝绳。双绕钢丝绳钢丝数目多，挠性大，易于绕上滑轮和卷筒，故在起重作业中应用的一般是双绕钢丝绳。

① 按照捻制的方向钢丝绳分为同向捻、交互捻、混合捻等三种。

② 钢丝绳按绳股数及一股中的钢丝数多少可分为6股19丝、6股37丝、6股61丝等。日常工作中以 6×19+1、6×37+1、6×61+1 来表示。在钢丝绳直径相同的情况下，绳股中的钢丝数愈多，钢丝的直径愈细，钢丝愈柔软，挠性也就愈好。根据国家行业标准《建筑施工起重吊装工程安全技术规范》（JGJ 276—2012），吊索宜采用 6×37 型钢丝绳制

作成环式或8股头（图1-1）。

③钢丝绳按绳芯不同可分为麻芯（棉芯）、石棉芯和金属芯三种。用浸油的麻或棉纱绳芯的钢丝绳比较柔软，容易弯曲，同时浸过油的绳芯可以润滑钢丝，防止钢丝生锈，又能减少钢丝间的摩擦，但不能受重压和在较高温度下工作。

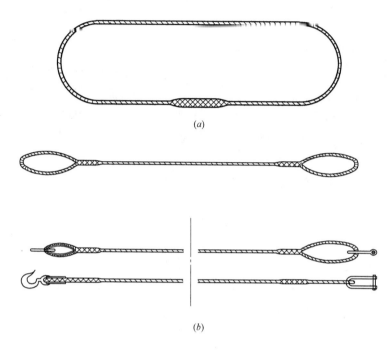

(a)

(b)

图1-1 吊索
(a) 环状吊索；(b) 8股头吊索

（2）钢丝绳的安全负荷

① 钢丝绳的破断拉力

所谓钢丝绳的破断拉力即是将整根钢丝绳拉断所需要的拉力大小，也称为整条钢丝的破断拉力，用S_p表示，单位：千克力。

求整条钢丝绳的破断拉力S_p值，应根据钢丝绳的规格型号从金属材料手册中的钢丝绳规格性能表中查出钢丝绳破断拉力总和$\sum S$值，再乘以换算系数ϕ值。即：

$$S_p = \sum S \cdot \phi \tag{1-2}$$

实际上钢丝绳在使用时由于搓捻的不均匀，钢丝之间存在互相挤压和摩擦现象，各钢丝受力大小是不一样的，要拉断整根钢丝绳，其破断拉力要小于钢丝破断拉力总和，因此要乘一个小于1的系数，即换算系数ϕ值。

破断拉力换算系数如下：

当钢丝绳为$6 \times 19 + 1$时，$\phi = 0.85$

当钢丝绳为$6 \times 37 + 1$时，$\phi = 0.82$

当钢丝绳为$6 \times 61 + 1$时，$\phi = 0.80$

用查表来求钢丝绳破断拉力，虽然计算较准确，且必须要先查清钢丝绳的规格型号等，再查有关手册进行计算。但工地上临时急用时，往往不知道钢丝绳的出厂说明规格，

4

无手册可查，无法利用上述公式计算时，可利用以下公式估算：

$$S_p = d^2/2 \qquad (1-3)$$

式中　d——钢丝绳的直径（英分）。

为了便以应用，以上公式可用口诀"钢丝直径用英分，破断负荷记为吨，直径平方被二除，即为破断负荷数"帮助记忆。

② 钢丝绳的允许拉力和安全系数

为了保证吊装的安全，钢丝绳根据使用时的受力情况，规定出所能允许承受的拉力，叫钢丝绳的允许拉力。它与钢丝绳的使用情况有关，可通过计算取得。

钢丝绳的允许拉力低于了钢丝绳破断拉力的若干倍，而这个倍数就是安全系数。钢丝绳的安全系数见表1-1。

钢丝绳安全系数 K 值表 表 1-1

钢丝绳用途	安全系数	钢丝绳用途	安全系数
作缆风绳	3.5	作吊索时弯曲	6～7
缆索起重机承重绳	3.75	作捆绑吊索	8～10
手动起重设备	4.5	用于载人的升降机	14
机动起重设备	5～6		

（3）钢丝绳破坏及其原因

① 钢丝绳的破坏过程

钢丝绳在使用过程中经常受到拉伸、弯曲，钢丝绳容易产生"金属疲劳"现象，多次弯曲造成的弯曲疲劳是钢丝绳破坏的主要原因之一。

② 钢丝绳破坏原因

造成钢丝绳损伤及破坏的原因是多方面的。概括起来，钢丝绳损伤及破坏的主要原因大致有四个方面：

a. 截面积减少：钢丝绳截面积减少是因钢丝绳内外部磨损、损耗及腐蚀造成的。

b. 质量发生变化：钢丝绳由于表面疲劳、硬化及腐蚀引起质量变化。

c. 变形：钢丝绳因松捻、压扁或操作中产生各种特殊形变而引起钢丝绳变形。

d. 突然损坏。

（4）钢丝绳的报废

钢丝绳在使用过程中会不断地磨损、弯曲、变形、锈蚀和断丝等，不能满足安全使用时应予报废，以免发生危险。

（5）钢丝绳的安全使用与管理

为保证钢丝绳使用安全，必须在选用、操作维护方面做到下列几点：

① 选用钢丝绳要合理，不准超负荷使用。

② 经常保持钢丝绳清洁，定期涂抹无水防锈油或油脂。钢丝绳使用完毕，应用钢丝刷将上面的铁锈、脏垢刷去，不用的钢丝绳应进行维护保养，按规格分类存放在干净的地方。在露天存放的钢丝绳应在下面垫高，上面加盖防雨布罩。

③ 钢丝绳在卷筒上缠绕时，要逐圈紧密地排列整齐，不应错叠或离缝。

3）化学纤维绳

化学纤维绳又叫合成纤维绳。目前多采用绵纶、尼龙、维尼纶、乙纶、丙纶等合成纤维成。化学纤维绳具有重量轻、质地柔软、耐腐蚀、有弹性、能减少冲击的优点，它的吸水率只有4%，但对温度的变化较敏感。在吊运表面光洁的零件、软金属制品、磨光的销轴或其他表面不许磨损的物体时，应使用化学纤维绳。

4）链条

链条有片式链和焊接链之分：片式链条一般安装在设备中用来传递动力；焊接链是一种起重索具，常用来做起重吊装索具。此处只介绍焊接链条。

焊接链的特点：焊接链挠性好，可以用较小直径的链轮和卷筒，因而减少了机构尺寸。但焊接链的缺点不可忽略，它弹性小，自重大，链环接触处易磨损，不能随冲击载荷运动，运行速度低，安全性较差等。

当链条绕过导向滑轮或卷筒时，链条中产生很大的弯曲应力，这个应力随 D（滑轮或卷筒直径）与 d（链条圆钢直径）之比 D/d 的减少而增大。因此，要求：

人力驱动：$D \geq 20d$

机械驱动：$D \geq 30d$

5）卡环

卡环又叫卸扣或卸甲，用于吊索、构件或吊环之间的连接，它是起重作业中用得广泛且较灵便的拴连工具。卡环分为销子式和螺旋式两种，其中螺旋式卡环比较常用。

卸扣与索具的安装方式见图1-2。

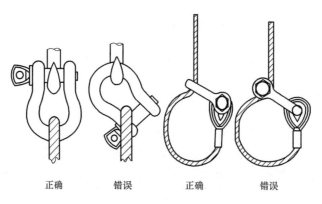

正确　　　　　错误　　　　　正确　　　　　错误

图1-2　卸扣与索具安装

6）吊钩

吊钩、吊环平衡梁与吊耳是起重作业中比较常用的吊物工具。它的优点是取物方便，工作安全可靠。

（1）在起重吊装作业中使用的吊钩、吊环，其表面要光滑，不能有剥裂、刻痕、锐角、接缝和裂纹等缺陷。

（2）吊钩不得补焊。

7）钢丝绳夹

钢丝绳夹又称卡扣。钢丝绳夹主要用来固定钢丝绳末端或将两根钢丝绳固定在一起。常用的有骑马式绳夹、U形绳夹、L形绳夹和压板式绳夹，其中骑马式绳夹的应用比较广泛。选择绳夹时，必须使 U 形螺栓的内侧净距等于钢丝绳的直径。使用绳夹的数量和钢丝绳的直径有关，直径大的应多用。

8）几种特制吊具

根据现场施工要求以及设备的特殊形体，有时需要制作一些专门的吊具，以满足起重吊装的需要。常用的几种特制吊具主要有三脚架吊具、可调杠杆式吊具和起吊平放物体吊具等。

3. 常用的起重机具

1）千斤顶

千斤顶是一种用比较小的力就能把重物升高、降低或移动的简单机具，结构简单，使用方便。它的承载能力，可从 1～300t。每次顶升高度一般为 300mm，顶升速度可达10～35mm/min。

千斤顶按其构造形式，可分为三种类型：即螺旋千斤顶、液压千斤顶和齿条千斤顶，前两种千斤顶应用比较广泛。

（1）千斤顶不准超负荷使用。

（2）千斤顶工作时，要放在平整坚实的地面上，并要在其下面垫枕木、木板或钢板来扩大受压面积，防止塌陷。

（3）几台千斤顶同时作业时，要动作一致，保证同步顶升和降落。

2）手拉葫芦

手拉葫芦又称捯链或神仙葫芦，可用来起吊轻型构件、拉紧扒杆的缆风绳，及用在构件或设备运输时拉紧捆绑的绳索。它适用于小型设备和重物的短距离吊装，一般的起重量为 5～10kN，最大可达 20kN。捯链具有结构紧凑、手拉力小、使用稳当、携带方便、比其他的起重机械容易掌握等优点，它不仅是起重常用的工具，也常用做机械设备的检修拆装工具，因此是使用颇广的简易手动起重工具。

3）起重桅杆

起重桅杆也称抱杆，是一种常用的起吊机具。它配合卷扬机、滑轮组和绳索等进行起吊作业。这种机具由于结构比较简单，安装和拆除方便，对安装地点要求不高、适应性强等特点，在设备和大型构件安装中，广泛使用。

起重桅杆为立柱式，用绳索（缆风绳）绷紧立于地面。绷紧一端固定在起重桅杆的顶部，另一端固定在地面锚桩上。拉索一般不少于 3 根，通常用 4～6 根。每根拉索初拉力约为 10～20kN，拉索与地面成 30°～45°夹角，各拉索在水平投影面夹角不得大于 120°。

起重桅杆可直立地面，也可倾斜于地面（于地面夹角·般不小于 80°）。起重桅杆底部垫以枕木垛。起重桅杆上部装有起吊用的滑轮组，用来起吊重物。绳索从滑轮组引出，通过桅杆下部导向滑轮引至卷扬机。

桅杆的分类：起重桅杆按其材质不同，可分为木桅杆和金属桅杆。木桅杆起重高度一般在 15m 以内，起重量在 20t 以下。木桅杆又可分为独脚、人字和三脚式三种。金属桅杆可分为钢管式和格构式。钢管式桅杆起重高度在 25m 以内，起重量在 20t 以下。格构式桅杆起重高度可达 70m，起重量高达 100t 以上。

4）电动卷扬机

卷扬机是指用卷筒缠绕钢丝绳或链条提升或牵引重物的轻小型起重设备，又称绞车。

卷扬机可以垂直提升、水平或倾斜拽引重物。电动卷扬机是卷扬机中的一种，是由电动机作为动力，通过驱动装置使卷筒回转的卷扬机。

电动卷扬机种类较多，按照卷筒分有单筒和双筒两种；按照传动方式分又有可逆齿轮箱式和摩擦式；按起重量分有 0.5t、1t、2t、3t、5t、10t、20t 等。电动卷扬机主要由卷筒、减速器、电动机和控制器等部件组成。电动卷扬机由于起重能力大，速度变换容易，操作方便和安全，因此在起重作业中是经常使用的一种牵引设备。

电动卷扬机的固定方法，通常采用的方法有：固定基础法、平衡重法和地锚法。

使用电动卷扬机应注意以下安全事项：

(1) 卷筒上的钢丝绳应排列整齐，如发现重叠和斜绕时，应停机重新排列。严禁在转动中用手、脚拉踩钢丝绳。钢丝绳不得完全放出，最少应保留三圈。

(2) 钢丝绳不得打结、扭绕，在一个节距内断线超过 10% 时，应予更换。钢丝绳应加强日常保养，严禁浸水和接触腐蚀性物品，应定期涂刷保护油，达到报废标准应立即报废。

(3) 使用前应检查卷扬机的离合器、制动器是否灵敏可靠，外露皮带、齿轮等传动装置、防护罩是否齐全，设备紧固措施是否牢固，有无验收合格牌和安全警示牌等。

(4) 作业中，任何人不得跨越钢丝绳。物件提升后，操作人员不得离开卷扬机。休息时物件或吊笼应降至地面。

(5) 工作中要听从指挥人员的信号，信号不明可能引发事故。严禁超载使用。

(6) 不得直接吊装不明重量和高温的物体，对于有棱角的物体要加护板。

(7) 作业完毕、应将料盘落地、关锁电箱。作业中如遇停电情况，应切断电源，将提升物降至地面。

5）地锚

地锚又称锚桩、锚点、锚锭、拖拉坑，起重作业中常用地锚来固定拖拉绳、缆风绳、卷扬机、导向滑轮等，地锚一般用钢丝绳、钢管、钢筋混凝土预制件、圆木等作埋件埋入地下做成。

地锚是固定卷扬机必需的装置，常用的形式有：桩式地锚、平衡重法和坑式地锚。

6）滑轮及滑轮组

在建筑安装工程中，广泛使用滑轮与滑轮组，配合卷扬机、桅杆、吊具、索具等，进行设备的运输与吊装工作。

(1) 滑轮的分类

① 按制作材质分有木滑轮和钢滑轮。

② 按使用方法分有定滑轮、动滑轮以及动、定滑轮组成的滑轮组。

③ 按滑轮数多少分有单滑轮、双滑轮、三轮、四轮以至多轮等多种。

④ 按其作用分有导向滑轮、平衡滑轮。

⑤ 按连接方式可分为吊钩式、链环式、吊环式和吊梁式。

(2) 使用滑轮的安全注意事项

① 选用滑轮时，轮槽宽度应比钢丝绳直径大 1～2.5mm。

② 使用滑轮的直径，通常不得小于钢丝绳直径的 16 倍。

1.2.2 垂直吊装

建筑安装工程垂直吊装一般为设备吊装，通常是利用建筑物上的塔吊、流动式起重机（如履带式起重机、汽车式起重机、轮胎式起重机）和自制设备（如桅杆）等进行吊装。

1. 常用的吊装机械

1) 塔式起重机

塔式起重机又称塔吊。动臂装在高耸塔身上部的旋转起重机。作业空间大，主要用于房屋建筑施工中物料的垂直和水平输送及建筑构件的安装。由金属结构、工作机构和电气系统三部分组成。金属结构包括塔身、动臂和底座等。工作机构有起升、变幅、回转和行走四部分。电气系统包括电动机、控制器、配电柜、连接线路、信号及照明装置等。

塔式起重机的安全要求：

（1）塔吊金属结构焊缝不得开裂，金属结构不应有塑性变形，连接螺栓、销轴质量符合要求，钢丝绳不得有断股、断丝数不得超标，基部严禁积水。

（2）吊装施工时指挥信号应明确，确保信息畅通，关键楼层、部位应派专人监控。

（3）塔吊的专用开关箱应满足"一机一闸一漏一箱"的要求，漏电保护器的额定动作电流应不大于 30mA，额定动作时间不超过 0.1s。司机室里的配电盘不得裸露在外。

2) 履带式起重机

履带式起重机起重量为 15～300t，一般常用为 15～50t。因其行走部分为履带，因而被称为履带式起重机。

履带式起重机操作灵活，使用方便，车身能 360°回转，并且可以载荷行驶，越野性能好。但是机动性查，长距离转移时要用拖车或用火车运输，对道路破坏性较大，起重臂拆接烦琐，工人劳动强度高。

履带式起重机的安全要求：

（1）行走道路要求坚实平整，对周围环境要求宽阔，不得有障碍物。

（2）禁止斜拉、斜吊和起吊地下埋设或凝结在地面上的重物。

（3）建筑外总体施工时，使用履带式起重机应垫板，并与基坑保持安全距离。

3) 汽车式、轮胎式起重机

常见的汽车式起重机为 8～50t。汽车式起重机是在汽车底盘的基础上增加起重机构、支腿、电气系统和液压系统等组成。其最大的优点是机动性好，转移方便，支腿及起重臂都采用液压式，可大大减轻工人的劳动强度，因而在建筑安装工程中使用较广泛。但是其超载性能差，越野性能也不如履带式起重机，对道路的要求更高，使用时整机倾覆的风险较大。

轮胎式起重机利用轮胎式底盘行走的动臂旋转起重机。其动力装置是采用柴油发动机带动直流发电机，再由直流发电机发出直流电传输到各个工作装置的电动机。行驶和起重操作在一起，行走装置为轮胎。起重臂一般为格构式、箱形伸缩式，并配备液压支腿。轮胎式起重机的优点是轮距较宽、稳定性好、车身短、转弯半径小，可在 360°范围内工作。但其行驶时对路面要求较高，行驶速度较汽车式慢，不适于在松软泥泞的地面上工作。近年来的发展趋向是大型化、高效、安全、减轻自重，进一步提高起重性能和行驶机动性。

汽车式、轮胎式起重机的安全要求：

（1）起重机的支腿处必须坚实，铺垫道木，加大承压面积；起吊重物前，必须加强检查，若发现基础不平、支腿下陷等隐患必须立即停止吊装作业。

（2）支腿设置完成，应将车身调平并锁好后方可工作。

（3）严禁在六级以上（含六级）大风、大雾、雨雪天气进行吊装作业。

（4）必须按照起重机额定的起重量工作，严禁超载和起吊不明重量的物体。

4）桅杆起重机

桅杆起重机是以桅杆为机身的动臂旋转起重机，由桅杆、动臂、支撑装置和起升、变幅、回转机构组成。桅杆起重机一般都是利用自身变幅滑轮组和绳索自行架设，具有结构轻便、传动简单、装拆容易等优点。广泛应用于定点装卸重物和安装大型设备。

桅杆起重机的安全要求：

（1）基座应平稳牢固、周围排水畅通、地锚设置可靠，并应搭设工作棚，其位置应能看清指挥人员和拖动或起吊的物件。

（2）起重机工作时的回转钢丝绳应处于拉紧状态，回转装置应设安全制动控制器。

（3）使用桅杆（扒杆）吊装大型设备且多台卷扬机联合操作时，各卷扬机的卷扬速度应相同，要保证设备上各吊点受力大致趋于均匀，避免设备变形。

（4）桅杆焊接部位必须进行无损检测，合格后方可验收及使用。

2. 垂直吊装风险分析

垂直吊装是设备安装工程必不可少的关键环节，在实施吊装前对安全风险进行充分认识和分析，并采取必要的防范措施，能够有效预防事故的发生。工程项目部在对垂直吊装作业的风险进行分析可采用安全检查表法（SCL）、工作危害分析法（JHA）等定性和定量的安全评价方法，并结合本单位、本工程实际情况，对评价结果为中等及以上的风险和曾经发生过事故的作业环节必须进行重点管控。

1）安全管理缺陷的风险

（1）未编制垂直吊装作业专项施工方案及制定安全技术措施，或专项方案未经审批。

（2）吊装作业未开具吊装令，主要负责人未对安全技术措施进行检查验收及签字确认，未按规定进行试吊、检查。

（3）作业人员未接受专项安全教育和施工安全交底。

（4）吊装相关人员无证上岗或酒后上岗，司机误操作或违章操作、无指挥操作，指挥人员指挥信号不标准、不规范，作业、维修过程中，未按流程操作，无人监护等。

（5）大雪、大雨、大雾及风力六级以上（含六级）等恶劣天气仍然作业。

2）吊机倾覆或吊臂折断的风险

（1）超载起吊，对起吊物重量估计不准，满负荷工作时斜拉斜吊，安全显示装置失灵或精度低，带载伸臂，造成起重机倾覆、倒塌、折断。

（2）起重机在吊装由小幅度向大幅度变更时，因制动过猛，产生较大的惯性荷载，造成整机倾覆。

（3）变幅油缸锁定装置或支腿锁定突然失灵使整机失去平衡而出现倾覆。

（4）起重机行走作业处地面承载能力不够，行走轨道不垂直，路基未夯实或周边施工造成地面沉降、塌陷。

（5）起重机在满负荷条件下行驶。

（6）起重机存在质量问题或严重老化，设备部件未定期维修保养或维修保养不到位致使变形、破损、磨损、锈蚀严重。桅杆焊接不牢固，有夹渣、气孔和开裂等现象。

3）高处坠落的风险

（1）未设置适宜的高处作业平台或平台强度、护栏高度不符；登高爬梯强度、构造、悬挂方式不符合规范，防坠器使用方式不正确。

（2）施工人员违反施工现场安全规定，违章攀爬吊装机械，在洞口、临边处工作未正确使用劳防用品（如未佩戴安全帽或扣好帽扣、未有效系挂安全带）。

（3）个人防护用品不在有效期内或破损严重仍然使用，工人在湿滑、积雪、结冰环境下没有穿合适的防滑鞋等。

4）物体打击的风险

（1）使用的钢丝绳规格过细，磨损、断丝、锈蚀、变形严重，绑扎方式不正确。

（2）使用的卷筒和滑轮规格不符，存在裂纹、轮缘破损，筒壁、轮槽磨损严重，轴承磨损量较大，吊钩无防脱落装置等。

（3）吊点吊耳设置、选用不正确或吊索捆扎不正确、不牢固。

（4）司索工在吊装时站立位置不当，在吊物离开地面时未及时撤离到安全地带。

（5）未按规定设置警戒区或无关人员在吊机工作时擅自进入警戒区内。

5）触电的风险

（1）电气装置布设不合理或防护缺陷，化学腐蚀、机械损伤等使电气系统绝缘失效，接地与接零不可靠，未设置漏电保护装置或失效。

（2）违反安全用电操作规程，带电操作或非电工擅自操作开关和电气设备。

（3）作业人员未按规定使用绝缘防护用品。

6）其他风险

（1）作业场所内堆放物料过高或存在障碍物，遮挡司机视线或司机观察不够造成盲区，引起起重机挤压伤害事故。

（2）卷扬机制动抱闸不灵敏，外露的传动部位未设置防护罩。

（3）使用多机抬吊工艺时，没有按照专项施工方案操作，单机所承载的荷载不符合方案要求，指挥信号不规范、有误或存在较大延迟，起吊前起重机滑轮组未处于铅直状态，双机吊物未同时离开地面或同时放置预定位置，使实际荷载过大，造成事故。

3. 垂直吊装施工安全管理要求

1）吊装作业人员（起重机司机、指挥人员、司索人员等）必须经过安全技术培训，取得特种作业人员操作资格，方可从事设备吊装作业。严禁酒后上岗作业。

2）施工单位必须按照国家标准规定对吊装机具进行安全检查，包括每天作业前检查、经常性安全检查和专项安全检查，同时接受政府、行业主管部门的定期检查，对检查中发现问题的吊装机具，必须进行维修处理，并保存维修档案。

3）吊装作业前必须检查现场环境、吊索具和防护用品，明确吊装区域，设置安全警戒标志，安排专人进行旁站式监控，确保吊装区域内无闲散人员。

4）按照规定需要专家进行论证审查的危险性较大的分部分项工程（如采用非常规起重设备、方法，且单件起吊重量在100kN及以上的起重吊装工程；起重量300kN及以上的起重设备安装工程；高度200m及以上内爬起重设备的拆除工程），必须经过专家评审论证通过后方可批准作业。

5）起重机使用合同应注明主机安装、拆除场地的承载能力要求，并配齐适宜的垫木、路基箱。起重作业前，地面、路基应按照方案中起重机对地面、路基的承载要求进行加固和铺设。起重机械与周边物体应保持足够的安全间距，且应设有相应的安全防护措施。

6）对起重机械起重量限制器、力矩限制器、高度限制器、行程限位器、幅度限位器等安全保护的装置及零部件进行经常性检查和检测，严格执行监检、特检、定检工作。定期检修、维护起重机构件，存在裂纹、锈蚀严重的构件，不可靠或缺损的安全装置应及时替换。

7）根据吊物的重量、几何尺寸等选用合适的吊索具，科学合理地捆绑与吊挂，避免吊运过程中旋转、滚动、脱落，禁止直接用手拖拉旋转重物。使用新购置的吊索具前应检查其合格证，并试吊，确认安全。

8）吊装作业时必须正确选择吊点位置，合理穿挂索具。起吊设备时，要先进行试吊，观察起重机平稳性、制动性能、重物绑扎牢固性、设备受力及平衡状况等，确认安全可靠后方可正式起吊。除指挥及挂钩人员外，严禁其他人员进入吊装作业区。

9）对起重机械不可避免的裸露带电部位设置护栏、护盖，在电气系统中采用漏电保护装置，定期使用测量工具检查绝缘电阻和接地电阻，保证绝缘良好、接地有效。

10）双机抬吊施工，应测试指挥信号通信，抬吊中严格按照专项施工方案进行。

11）按照规范和施工方案搭设高空作业平台和卸料平台，确保登高爬梯牢固、稳定；高处作业人员必须佩戴安全带，并设置合理、有效的安全带挂钩处。

12）吊装准备工作完成，由相关专业技术人员填写吊装条件自查、复查记录表（见表1-2），确认安全措施落实到位后，由吊装作业总指挥开具设备吊装令。

13）严格执行起重机械安全操作规程，禁止违章指挥、冒险作业。

14）凡遇大雪、大雨、大雾及风力六级以上（含六级）等恶劣天气，必须停止露天起重吊装作业。暂停作业时，对吊装作业中未形成稳定体系的部分，必须采取临时固定措施。

15）对临时固定的构件，必须在完成了永久固定并经检查确认无误后，方可解除临时固定措施。

吊装条件自查、复查记录表 表1-2

施工单位：　　　　　　　　　　工程名称：

序号	检查内容和要求	自查人	复查人	复查人
1	吊装合同和租赁合同已签约生效,各方责任明确			
2	吊装作业岗位人员的技术交底和安全交底已进行			
3	吊装作业岗位人员按要求持证上岗,各项安全措施已落实			
4	吊装指挥系统的岗位、人员、职责已明确和落实			
5	起重机械、索具、吊具完好无损,其规格型号和布置与方案相符			
6	吊耳、吊具、吊梁、桅杆符合设计要求,并有检查记录			
7	方案中有检修、检测要求的起重机械、吊具等有专项报告和记录			

序号	检查内容和要求	自查人	复查人	复查人
8	隐蔽工程(如地锚、桅杆基础、吊机定位地基、桅杆拼接等)有检查记录			
9	桅杆的连接及倾角、缆风绳的布置、主缆风绳的预紧力、滑车组的穿绕及拖拉卷扬系统的设置符合要求			
10	起重机的定位、支撑、配重等作业工况符合方案要求,拼装部分有完整记录			
11	设备吊装前的组装工作和检测项目已符合要求,设备需加强(加固)的部位、各部连接、捆绑、铰座等符合要求			
12	施工用场地及起重机、设备的进出场道路畅通、平整、坚实			
13	吊装作业现场的布置符合方案要求,吊装作业空间无影响吊装的障碍物			
14	吊装现场的供电、照明等设施已落实,并且安全可靠			
备注				

施工单位自查负责人(签名)		签名日期	
总包单位复查负责人(签名)		签名日期	
监理单位复查负责人(签名)		签名日期	

4. 垂直吊装施工安全防范重点

1) 人的危险行为的控制

垂直吊装安全管理的关键还是对人员的管理。起重司机必须按规定对起重机械作好保养工作,有高度的责任心,认真做好清洁、润滑、紧固、调整、防腐等工作,不得酒后作业,不得带病或疲劳作业,严格按照塔吊机械操作规程和吊装作业的"十不吊"规定进行操作,不得违章作业、野蛮操作,有权拒绝违章指挥。操作人员必须身体健康,充分了解吊装机械构造和工作原理,熟悉机械原理、保养规则,持证上岗。

吊装施工的安全监控人员必须持证上岗,作业前要参与对施工人员的安全技术交底,作业过程中要随时关注起重司机、指挥工的不安全行为和吊机、索具的不安全状态,严禁无关人员擅自进入警戒区域内。

进入施工现场应戴好安全帽,扣好帽扣,并禁止吸烟;从事高处作业(含洞口、临边处)的人员必须戴好安全带,并将安全钩挂扣在牢固部位。吊装作业时应认真执行"三不伤害"原则,即不伤害自己、不伤害他人和不被他人伤害,应重点防范高处坠落、物体打击、机械伤害和坍塌等事故的发生。

2) 物的不安全状态的控制

(1) 起重机械的稳定性

一般情况下起重机高度与底部支承尺寸比值较大,且机身的重心较高、扭矩大、启制动频繁、冲击力大,为了增加它的稳定性,我们应认真分析起重机倾翻的主要原因:①超载。不同型号的起重机通常采用起重力矩为主控制,当工作幅度加大或重物超过相应的额定荷载时,重物的倾覆力矩超过它的稳定力矩,就有可能造成起重机倒塌。②斜吊。斜吊重物时会加大它的倾覆力矩,在起吊点处会产生水平分力和垂直分力,在起重机底部支承点会产生一个附加的倾覆力矩,从而减少了稳定系数,造成起重机整体倾覆。③地坪基础

13

不平，地耐力不够，垂直度误差过大也会造成起重机的倾覆力矩增大，使起重机稳定性减少。因此，我们要从这些关键性的因素出发，对检查、检测等环节进行严格把关，预防重大的设备人身安全事故发生。

（2）安全装置

为了保证起重机在正常使用状态及操作失误时的安全，我们对起重机械和索具必须具备的安全装置要进行严格控制，主要有：起重力矩限制器、起重量限制器、高度限位装置、幅度限位器、回转限位器、吊钩保险装置、卷筒保险装置、钢丝绳脱槽保险等。这些安全装置要确保它的完好与灵敏可靠。在使用中如发现损坏应及时维修更换，不得私自解除或任意调节。另外，对起重机械危险部位（金属带电部位、轮轴等）的防护装置也要进行经常性检查、维修和保养。

（3）索具管理

钢丝绳、吊钩、卡环、滑轮及滑轮组、卸扣、绳卡及卷扬机等起重机具必须具有合格证及使用说明书。自制、改造和修复的吊具、索具，必须有设计资料（包括图纸、计算书等）和工作、检查记录，并按规定进行存档。起重机具在使用过程中应经常检查、维护与保养，如达到报废标准时，必须予以报废处理。

3）环境的不安全因素的控制

起重机械必须具有足够的抗破坏能力及环境适应能力。起重机械的各组成受力零部件及其连接，应满足完成预定最大载荷的足够强度、刚度和构件稳定性，在正常作业期间不应发生由于应力或工作循环次数产生断裂破碎或疲劳破坏、过度变形或垮塌；还必须考虑在此前提下起重机械在路面行驶的整体抗倾覆或防风抗滑的稳定性，应保证在运输、运行、振动或有外力作用下不致发生倾覆，防止由于运行失控而产生不应有的位移等。

另外，起重机械必须对其使用环境（如温度、湿度、气压、风载、雨雪、振动、负载、静电、磁场和电场、辐射、粉尘、微生物、动物、腐蚀介质等）具有足够的适应能力，特别是抗腐蚀或空蚀，耐老化磨损，抗干扰的能力，不致由于电气元件产生绝缘破坏，使控制系统零部件临时或永久失效，或由于物理性、化学性、生物性的影响而造成事故。

4）管理缺陷的控制

吊装施工必须严格遵守安全技术操作规程，应按照批准的方案进行施工，杜绝违章指挥和冒险作业。

（1）穿绳：确定吊物重心，选好挂绳位置。穿绳应用铁钩，不得将手臂伸到吊物下面。吊运棱角坚硬或易滑的吊物，必须加衬垫、用套索。

（2）挂绳：应按顺序挂绳，吊绳不得相互挤压、交叉、扭压、绞拧。一般吊物可用兜挂法，应保持吊物平衡。对易滚、易滑或超长货物，宜采用索绳方法，使用卡环索紧吊绳。

（3）试吊：吊绳套挂牢固，起重机缓慢起升，将吊绳绷紧稍停，起升不得过高。试吊中，信号工、挂钩工、驾驶员必须协调配合。如发现吊物重心偏移或与其他物件粘连等情况时，必须立即停止起吊，采取措施并确认安全后方可起吊。

（4）摘绳：落绳、停稳、支稳后方可放松吊绳。对易滚、易滑、易用散的吊物，摘绳要用安全钩。挂钩工不得站在吊物上面。如遇不易人工摘绳时，应选用其他机具辅助，严禁攀登吊物及绳索。

（5）抽绳：吊钩应与吊物重心保持垂直，缓慢起绳，不得斜拉、强拉、旋转吊臂抽绳。吊运易损、易滚、易倒的吊物不得使用起重机抽绳。

1.2.3 水平运输

建筑安装工程设备的水平运输方式主要有起重机吊运、卷扬机拖运、液压车（液压叉车、搬运小坦克）运输、捯链吊装和滚杠搬运等。

现场大型机电设备的二次搬运一般是采用液压车、捯链和卷扬机配合作业，对吊装机具的适用性、操作人员的协同性要求较高。

1. 水平运输的主要器具

起重机、拖板车、液压叉车、搬运小坦克、滚杠、撬棍、手拉葫芦、千斤顶、滑轮组、钢丝绳、吊装带、U 形环、枕木、钢轨、钢板等。

2. 水平运输作业安全防范重点

1）起重机运输

起重机运输作业的安全管控与垂直吊装类似，主要是防范起重机倾覆、高处坠落、机械伤害和物体打击等事故，应重点关注行走线路上的洞口临边防护、障碍物和设备设施的安全装置、使用性能等，确保水平运输安全教育、交底和各类安全防护措施落实到位。

2）捯链吊运

捯链又名手拉葫芦，是一种使用简易、携带方便的手动起重工具，运用了轮轴的原理从而起到省力的作用。捯链除单独使用外，还可与各型手拉单轨行车配套使用组成手拉起重运输小车，捯链实现左右行走提升重物的功能。

（1）使用前应进行检查，捯链的吊钩、链条、轮轴、链盘等应无锈蚀、裂纹、损伤，传动部分及起重链条润滑良好，空转情况正常。

（2）起重链条受力后应仔细检查，确保齿轮啮合良好，自锁装置有效后方可继续作业。

（3）应均匀和缓地拉动链条，并应与轮盘方向一致，不得斜向拽动。

（4）捯链起重量或拖运重物的重量不明时，只可一人拉动链条，一人拉不动应查明原因，此时严禁两人或多人拉拽。

（5）齿轮部分应经常加油润滑，棘爪、棘爪弹簧和棘轮应经常检查。制动器的摩擦表面必须保持干净。制动器部分应经常检查，防止制动失灵。

（6）捯链使用完毕应拆卸清洗干净，上好润滑油，装好后套上塑料罩挂好。

3）滚杠搬运

滚杠搬运是二次运输的方法之一，主要用于中小型设备或构件的搬运。常采用滚杠、拖排、撬杠等工具由人力来完成作业。

（1）滚杠下面应铺设道木，以防设备压力过大，使滚杠塌陷。

（2）滚杠的放置距离不能间隔太长，否则将会导致滚杠的损坏。

（3）当设备需要拐弯前进时，滚杠必须依拐弯方向放成扇形面。

（4）放置滚杠时必须将头放整齐，否则长短不一，易使滚杠受力不均匀而发生事故。

（5）摆置或调整滚杠时，应将四个指头放在滚杠筒内，以避免压伤手。

（6）使用滚杠搬运前，应将路线上的障碍物全部清除，并设置警戒区。

（7）搬运过程中，发现滚杠不正时，只能用大锤锤打纠正，严禁用手触碰操作。

（8）全体搬运人员注意力应高度集中，听从统一指挥。

3. 斜坡上运输安全

1）斜坡上运输时，坚持"行人不行车，行车不行人"的规定，确保运输安全进行。

2）每次运输前，要安排专人检查起吊设施是否完好及运输线路是否畅通，若有破损，应立即进行更换，确保安全无误后方可进行运输。

3）斜坡上运输应使用带有刹车装置的运输工具或使用卷扬机等牵引设备进行控制。

4）所运输的设备应使用钢丝绳牢牢固定在运输工具上，确保设备不会坠落或倾覆。

5）自上往下运输时，人要站在材料、设备旁边，严禁作业人员站在超过所运输材料、设备的前端。

1.2.4 卸料平台操作

建筑安装工程常见的卸料平台是指搭设于建筑物临边位置的悬挑式钢平台，主要是作为设备或材料吊装的转料平台，大型项目使用的一般为定型化产品。

悬挑式卸料平台由钢平台、悬吊系统、防护系统组成。钢平台通常采用工字钢或槽钢焊接而成，通过悬挑主梁与结构固定；悬吊系统一般为钢丝绳，内外各两道，一道做为受力绳，另一道为安全绳；防护系统由护身栏、安全网、挡脚板等组成。

1. 悬挑式卸料平台的构造

1）槽钢构造要求

卸料平台主要由两根悬挑主梁（工字钢或热轧槽钢）和四根次梁（槽钢）组成，槽钢之间应满焊连接，在平台四角应加焊三角形的厚钢板增强主次梁的连接刚度，并在垂直于次梁方向增加两根角铁，与槽钢纵横方向焊接，形成十字梁受力，平台上应铺设钢板，每根槽钢上各焊接四个厚钢板耳板，耳板上开孔，以便于槽钢的吊装和钢丝绳的拉接。

槽钢、工字钢及钢板的技术参数应根据承载设备的重量计算确定。

2）钢丝绳构造要求

（1）卸料平台搁置在需要转料的楼板上，每个卸料平台需用4根以上（含4根）钢丝绳拉接在上层楼板的预埋件上。

（2）钢丝绳与预埋件、平台吊耳连接处加装钢丝绳保护件或使用卸扣连接。

（3）钢丝绳连接必须采用专用的钢丝绳夹紧固，并采用花篮螺丝拧紧。

3）其他构造要求

（1）卸料平台在外侧边缘处设置内开活动门，平时不用时可以关闭。

（2）卸料平台两侧设置围护栏杆，栏杆高度1.2m，栏杆下侧采用钢板设置15cm高的挡脚板。

（3）悬挑主梁和楼层预埋件之间采用高强螺栓固定。

（4）卸料平台严禁与各类脚手架连接在一起。

2. 卸料平台的搭设

1）在搭设之前，必须对进场的杆配件进行严格的检查，禁止使用规格和质量不合格的杆配件。

2）卸料平台的搭设作业，必须在统一指挥下，严格按照以下程序进行：

（1）按施工设计定位、预埋梁上拉环及地脚螺栓；

（2）按施工设计放线、设置卸料平台位置；

（3）按设计方案进行钢丝绳的拉接及紧固螺栓；

（4）按设计方案固定卸料平台，设置防护栏杆及挡脚板；

（5）定型化卸料平台采用塔吊整体吊装就位。

3）卸料平台的布置应考虑搭设方便、塔吊吊运半径和额定载重、与施工电梯等设备的相互位置关系等因素。

4）装设钢丝绳时，应注意掌握撑拉的松紧程度，避免引起杆件的显著变形。

5）不得随意改变构架设计、减少配件设置和对型钢纵横距放大等。

3. 卸料平台的检查与验收

根据《建筑施工安全检查标准》（JGJ 59—2011）、专项施工方案对卸料平台进行检查、验收。卸料平台的验收应由项目技术负责人组织实施，搭设单位和使用单位共同参与验收，项目总监理工程师签字确认，具体验收内容见表1-3。

悬挑式卸料平台验收记录表　　　　　　　　　　　　　　　　表1-3

单位名称	××××有限公司	安装日期	××年×月×日	载重量(kg)		1000
工程名称	××××工程	安装部位	××层	合格牌编号		2016-03
	序	验收要求		结果		
设计制作安装要求	1	按规范进行设计和制作，计算书及施工图纸审批手续齐全		施工方案已审批，内容齐全		
	2	搁置点与上部拉结点，必须位于建筑为上，不得设置在脚手架等施工设施或设备上，平台根部应与建筑物作保险连接		搁置点与拉结点在建筑物上，平台根部已作保险连接		
	3	斜拉杆或钢丝绳，构造上两边各设前后两道，两道中的每道均应作单道受力计算。一道作保险钢丝绳		已设前后两道钢丝绳，均作受力计算，一道为保险绳		
	4	设置4个经过验算的吊环，用甲类3号沸腾钢制作，连接部位应使用卡环		已设置4个吊环，连接部位使用卡环		
	5	安装时，钢丝绳采用绳卡时不得少于4个，间距10～12cm，并设安全弯		绳卡4只，间距12cm，并设有安全弯		
	6	建筑物锐角利围系钢丝绳处应加衬软垫物，平台外口应略高于内口，左右不得晃动		已加橡胶轮胎衬垫，平台外高内低		
	7	平台铺设牢固、严密，不准使用竹笆，三侧面不低于1.20m高围护，围护可用木板或薄钢板，正前面可设置活动门		三面已用1.2m高木板围护，正前面已设置活动门		
	8	显著标明容许荷载值（人员和物料的总重量），严禁超过容许荷载		内外已挂限载标志牌		

验收意见：

经验收合格，同意使用，严禁超载

搭设人员	××××××	参加验收人员	××××××××××		
项目技术负责人	×××	验收日期	×年×月×日	项目总监	×××

注：1. 悬挑式钢平台，每移位一次须重新验收；

2. 悬挑式钢平台不宜过大，应控制其面积。

1）悬挑式卸料平台的制作、安装应编制专项施工方案，并应进行设计计算。

2）悬挑式卸料平台的下部支撑系统或上部拉结点，应设置在建筑结构上。

3）斜拉杆或钢丝绳应按规范要求在平台两侧各设置前后两道，且连接可靠。

4）卸料平台两侧必须安装固定的防护栏杆和挡脚板，并应在平台明显处设置荷载限定标牌。

5）卸料平台台面、卸料平台与建筑结构间应无缝隙或铺板严密、牢固。

6）卸料平台下列阶段进行检查和验收，检查合格后，方允许投入使用或持续使用：

（1）施加荷载前后；

（2）在遭受暴风、大雨、大雪、地震等强力因素作用之后；

（3）在使用过程中，发现槽钢和钢丝绳有显著的变形以及安全隐患的情况时。

4. 卸料平台操作的安全管理

1）卸料平台上料时应轻放堆载物，并使堆载物匀置在平台上，以保证其受力均衡。

2）卸料平台上应悬挂明显的限载牌，严禁超过设计荷载，配专人监督。

3）卸料平台搭设好后，进行全封闭使用，外侧围护立面满挂密目安全立网。

4）卸料平台在使用过程中，要经常检查，确保安全可靠。六级及六级以上大风和雨天应停止卸料平台作业，雨天之后作业时，应将平台上的积水清除掉，仔细检查确认安全后，方可上人操作。

5）卸料平台使用期间，严禁拆除钢丝绳的紧固件、悬挑主梁与楼层预埋件的螺栓、周围的防护栏杆等。

6）工人在平台上作业中，应注意自我安全保护和他人的安全，避免发生碰撞、闪失和落物。严禁在平台上嬉闹和坐在栏杆上等不安全处休息。

7）每班工人上平台作业时，应先行检查有无影响安全作业的问题存在，在排除和解决后方可开始作业。在作业中发现有不安全的情况和迹象时，应立即停止作业进行检查，解决以后才能恢复正常作业。

8）平台上作业时应注意随时清理落到平台上的材料，不得超载堆放物料，不得让物料在平台上放置停留超时。

5. 卸料平台事故预防

1）高处坠落、物体打击事故预防

（1）事故隐患

① 工人在搭设及吊装作业时未系挂安全带。

② 转运材料时未关闭活动门。

③ 拆除楼层临边的防护栏杆未及时恢复。

④ 高处堆物、抛物或随身携带的工具未采取系挂措施。

⑤ 高处作业人员身体情况不适应。

⑥ 高处作业人员安全意识和操作技能较差。

（2）安全管理措施

① 搭设卸料平台前应对操作人员进行有针对性的安全技术交底，严格按照设计方案进行搭设，施工负责人、安全员在卸料平台使用过程中进行旁站式监督，防止违章作业。

② 患有心脏病、高血压的病人不得在卸料平台上施工操作。

③ 搭设操作时必须佩戴安全帽、安全带，穿防滑鞋。

④ 在作业面满铺花纹钢板，不留空隙和探头板。

⑤ 在楼层上设置安全带挂钩处，禁止工人将安全带挂扣在卸料平台护栏上。

⑥ 材料、设备不得长时间堆载在卸料平台上，需及时转运至作业区域。

⑦ 卸料平台两侧防护栏杆上挂设密闭式安全网，以防高空坠物伤人。

⑧ 卸料平台拆除后，该区域的临边缺口处应立即安装防护设施。

2）卸料平台坍塌事故预防

（1）事故隐患

① 卸料平台未按照设计方案搭设，擅自改变结构和钢梁纵横距。

② 钢平台焊缝开裂、型材变形、钢丝绳锈蚀、磨损严重。

③ 固定螺栓松动、脱落。

④ 卸料平台超载使用等。

（2）安全管理措施

① 自制卸料平台属危险性较大的分部分项工程，施工单位应编制专项施工方案，严格按照方案进行施工；定型化卸料平台应提供产品合格证及相关安全检测记录。

② 进场的槽钢、钢丝绳、钢板和钢管、扣件必须由项目部材料、技术、工程、安全等部门共同进行检查，查验生产厂家的检验合格证，检查槽钢、钢丝绳、钢管直径、壁厚，如有严重锈蚀、压扁或裂纹的，禁止使用。

③ 钢丝绳连接应扣牢，使用过程中施工负责人及操作人员要随时检查各部位连接情况。

④ 使用过程中，对各类材料、设备按照形状、体积、重量进行分配，确保卸料平台上荷载均匀，在平台上的醒目部位设置限载标志牌，严禁超载使用。

⑤ 为防止卸料平台外倾，提高平台的整体稳定性，应设置备用的安全钢丝绳。

⑥ 卸料平台安装前必须检查吊耳是否焊牢，未经检查确认不得擅自安装。每次吊装后必须检查所有配件紧固件是否到位。

⑦ 地面上遇六级（含六级）以上大风时，卸料平台停止使用。建筑高度在 300m 以上的卸料平台底部应增加防风上吸的缆风绳。

⑧ 卸料平台搭设完毕后，由项目技术负责人组织工程、技术、安全、材料等各部门、设计单位、搭设单位和使用单位进行验收，合格后方可挂牌并投入使用。

1.2.5 大型设备吊装专项安全技术方案

《危险性较大的分部分项工程安全管理办法》（建质［2009］87 号文）规定"施工单位应当在危险性较大的分部分项工程施工前编制专项方案；对于超过一定规模的危险性较大的分部分项工程，施工单位应当组织专家对专项方案进行论证"。《建筑施工起重吊装工程安全技术规范》（JGJ 276—2012）规定"施工单位在起重吊装作业前必须编制吊装作业的专项施工方案，并应进行安全技术措施交底；作业中，未经技术负责人批准，不得随意更改"。

因此，施工单位组织吊装作业时，凡采用非常规起重设备、方法，且单件起吊重量在 10kN 及以上的起重吊装工程，以及采用起重机械进行安装的工程，必须编制专项安全技术方案；凡采用非常规起重设备、方法，且单件起吊重量在 100kN 及以上的起重吊装工程，以及起重量 300kN 及以上的起重设备安装工程，还应按规定组织专家对专项安全技术方案进行认证后方可批准，实行施工总承包的项目由总包单位组织专家认证。

1. 方案的编制和审核

1）确定吊装设备行走路线及编制行走路线图，根据设备技术参数进行计算，校核吊车吊装设备行进中及吊装过程中梁极负荷是否能承受设备及重量。若不能保证其承重需要，则需采取有效的加固措施。

2）施工方案编制人员应当了解施工安全基本规范、标准及施工现场的安全要求，充分掌握工程概况、施工工期、场地环境条件，并根据工程的结构特点，科学地选择施工方法、施工机械、变配电设施及临时用电线路架设，合理地布置施工平面。

3）施工方案按照类别可划分为简易方案、一般方案、重要方案和特殊方案，按照级别可分为项目部级、子（分）公司级、公司级。各类、各级施工方案均要有明确的量化标准，且最高审核、审批权限的人员或部门也应不同。

4）专项施工方案应当由施工单位技术负责人组织本单位的施工技术、工程、安全、质量等部门的专业人员进行审核。经审核合格的，由施工单位技术负责人、项目总监理工程师、建设单位项目负责人签字后，方可组织实施；实行施工总承包的，应当由总承包单位、相关专业承包单位技术负责人签字。

5）专项方案实施前，编制人员或项目技术负责人应当向现场管理人员和作业人员进行方案内容交底和安全技术交底，内容包括：

（1）吊装施工部位、工艺、环节的内容和环境条件；

（2）专业分包单位、作业班组应熟悉掌握的相关现行标准规范、企业安全生产规章制度和起重吊装作业操作规程；

（3）人员、机械设备、物资材料的配备及关键部位、工艺、环节与节点的安全技术防护、监控措施；

（4）检查、验收的组织、要点、节点等相关要求；

（5）与之衔接、交叉的施工部位、工序的安全技术防护措施；

（6）事故应急措施及相关注意事项。

2. 专项安全技术方案的主要内容

1）工程概况。危险性较大的分部分项工程概况、工程特点及难点、施工平面布置、施工要求和技术保证条件等。

2）编制依据。所依据的法律、法规、规范性文件、标准、规范的目录或条文，以及施工组织设计、勘察设计、图纸等技术文件名称。

3）施工计划及部署。包括施工进度计划、材料与设备供应计划。

4）安全技术措施。专项施工方案及其重大危险源风险控制安全技术措施应明确工艺流程、施工方法、控制要点；应明确验收的组织、节点、部位及标准；应明确检查的组织、部位、内容、方法及频次要求。

5）验收计划及标准。

6）检查监控要求。

7）应急预案及应急响应。

8）相关图纸。

9）计算书等附件。包括起重机稳定性计算、吊索具受力计算等。

3. 方案的验收和检查

施工单位应依据专项施工方案及安全技术措施组织验收。验收合格后并经施工单位项目技术负责人及项目总监理工程师签字后，方可进入下一道施工工序或使用。

1）应根据危险性较大的分部分项工程的特点，针对以下阶段制订相应的验收计划，明确验收内容和要求，并分阶段实施：

（1）在开工阶段，验收开工条件，以及各项管理和实物的准备工作；

（2）在施工过程中，对下道工序的安全影响较大的节点及承重结构、连接件等，进行过程验收；

（3）设施设备安装完工后，在投入使用前进行使用验收。

2）相关单位应对危险性较大的分部分项工程施工过程中的资源配置、人员活动、实物状态、环境条件、设施设备、管理行为等与专项施工方案的相符性实施动态检查、检测及监测。如，施工单位应指定专人进行现场监护，应制止人员违反专项施工方案及其他的违规违章行为，并要求其立即整改；方案编制人员或施工单位技术负责人应当定期对专项方案的实施情况进行巡查。

3）发生险情或事故时，施工单位应停止作业，及时启动并实施应急预案，组织作业人员撤离危险区域，防止事态恶化，同时迅速向企业负责人和政府、行业主管部门报告。

1.3 中小型机具及手持电动工具安全使用

1.3.1 概述

中小型机具及手持电动工具种类繁多，移动使用频繁，使用前必须仔细阅读使用说明书及操作规程，掌握其特点及安全操作要求。

使用小型机具、工具的一般要求：

1）电源回路上应装设漏电保护器，使用前要检查其可靠性。

2）接零保护良好，固定式电动机具同时还要做重复接地保护。

3）移动式电动机具的电源线必须是软芯橡胶电缆。

4）每台机具或动力工具是单独的开关或插座。

5）操作开关置于操作人员伸手可及的部位。

6）电缆线、插头、插座或开关损坏应立即更换。

7）转动机械的转动或移动部分应装有防护罩。

8）使用磨光机或抛光机等研磨时应戴防护眼镜。

9）使用钻床时应禁止戴手套。

10）使用大锤或手锤时应检查锤头、锤柄及锤头和锤柄镶嵌符合要求。手柄不得有油污，不得单手抡大锤，使用大锤或手锤禁止戴手套。

11）使用中不得进行机具、动力工具的检修、调整。

12）检修、调整、擦拭或中断使用时必须将动力源断开。

13）不能站在移动式的梯子上或不稳固的地方使用动力工具。

14）不能将工具及附件放在其他机器设备上。

1.3.2 套丝机

1）保持工作场地清洁明亮。

2）不要将设备暴露在雨中或潮湿的环境中操作，以免触电。

3）操作者必须穿三紧式工作服，开机前应摘掉手套、首饰、手表及类似的东西，操作者的头发不允许自由放开，应戴工作帽，把长发束在工作帽中。

4）设备运转时，严禁抓摸工件、装拆零件、手持工具工作。

5）设备运转时，工件所产生的危险区域不得有人靠近。

6）在工地及类似的场合安装套丝机，应使用 30mA 的漏电保护开关。

7）不允许超负荷使用设备：禁止用不合适的附件，超强度使用设备和禁止使用钝或破损的板牙，避免损坏设备和产生不合格的丝扣。

8）禁止使用过长的管子进行运转操作：始终保持设备平衡，以免工件突然折断及甩出发生危险，应使用足够的支撑来避免危险的发生。

9）精心保养设备机具：为了更好、更安全的使用，保持设备正常工作，应定期对设备进行润滑与更换附件，定期检查设备的电缆线，如受到损伤，应及时进行修复，要始终保持设备各种操作手柄清洁、干净和没有油脂污染。

10）当不用时，应关闭电源开关，脱开电源插头。

11）当设备使用前且电源插头未插之前或维修维护前，务必检查电源开关应在"关"的位置上，避免误启动。

12）当操作人员疲劳、生病吃药和判断反应迟钝时，不宜操作设备。

13）严禁使用已损坏的零部件。

14）避免用强大的外力冲击机壳。

15）管内径倒角操作：

（1）扳起割刀架与板牙头，扳下倒角架。

（2）开启设备，转动滑架手柄，将倒角器进入管子内进行倒角。

（3）倒角完毕后停机，将倒角架复位。

16）维护与保养：

（1）每天清洗油盘，如果油色发黑或脏污，应清洗油箱，换上新油。

（2）每天工作结束后，清洗板牙和板牙头，检查板牙有无崩齿，清除齿间切屑，如果发现损坏应及时更换，更换板牙时不能只更换一个，应更换一副，即四个板牙。

（3）为保证前后轴承的润滑，在使用时应向主轴机壳上面的两只油杯加油，每天不得少于两次。

（4）每周检查割刀刀片，发现钝时，要及时更换。

（5）每周清洗油箱过滤器。

（6）每月检查卡爪中卡爪尖磨损情况，如发现磨损严重时，必须更换卡爪尖一副。

（7）当设备长期不用时，应拔掉电源插头，在前后导柱及其他运行面上涂抹防锈油，存放于通风、干燥处妥善保管。

1.3.3 砂轮锯

1）工作前穿好紧身合适的防护服，不要穿过于肥大的外套。不许裸身，穿背心、短裤、凉鞋等。

2）操作者应佩戴防护手套和防击打的护目镜。

3）工作地点要保持清洁，不准存放易燃易爆物品。

4）为了防止砂轮破损时碎片伤人，砂轮锯必须装有防护罩，禁止用没有防护罩的砂轮锯进行操作。

5）工作前必须认真检查各部位是否处于良好的安全状态。

6）开始工作时，应用手调方式使砂轮片和工件之间留有适当间隙，砂轮片要慢慢向工件给进，力量要小，用力要均匀，切不可有冲击现象，以防轮片崩裂。

7）机器运转时，操作者不能离开工作地点，发现运转不正常时，应立即停机，并把砂轮锯退出工作部位。

8）不准切割装有易燃易爆物品的工件或各种密闭件。

9）工作中，砂轮锯附近及正前方严禁站人。

10）严禁在砂轮锯片平面上修磨任何工件。

11）砂轮锯工作时必须距氧气瓶、乙炔瓶 10m 以上。

12）砂轮锯必须专人操作，其他人员不得擅自使用。

13）砂轮锯的检修工作必须持证上岗，其他人不得擅自检修。

14）检修时必须在停止工作、切断电源后方可进行。

15）工作完毕后，要切断电源，清理现场，将切屑集中打扫在指定场所，以免切屑刺伤脚部。

1.3.4 卷扬机

1）卷扬机司机必须经专业培训，考试合格，持证上岗作业。

2）卷扬机安装的位置必须选择视线良好，远离危险作业区域的地点。卷扬机距第一导向轮（地轮）的水平距离应在 15m 左右。"从卷筒中心线到第一导向轮的距离，带槽卷筒应大于卷筒宽度的 15 倍，无槽卷筒应大于卷筒宽度的 20 倍。钢丝绳在卷筒中间位置时，滑轮的位置应与卷筒中心垂直"。导向滑轮不得用开口滑轮。

3）卷扬机后面应埋设地锚与卷扬机底座用钢丝绳拴牢，并应在底座前面打桩。

4）卷筒上的钢丝绳应排列整齐，应至少保留 3～5 圈。导向滑轮至卷扬机卷筒的钢丝绳，凡经过通道处必须遮护。

5）卷扬机安装完毕必须按标准进行检验，并进行空载、动载、超载试验：

（1）空载试验：即不加荷载，按操作中各种动作反复进行，并试验安全防护装置是否灵敏可靠。

（2）动载试验：即按规定的最大载荷进行动作运行。

（3）超载试验：一般在第一次使用前，或经大修后按额定载荷的 110%～125% 逐渐加荷载进行。

6）每日班前应对卷扬机、钢丝绳、地锚、地轮等进行检查，确认无误后，试空车运行，合格后方可正式作业。

7）卷扬机在运行中，操作人员（司机）不得擅离岗位。

8）卷扬机司机必须听视信号，当信号不明或可能引起事故时，必须停机待信号明确后方可继续作业。

9）吊物在空中停留时，除用制动器外并应用棘轮保险卡牢。作业中如遇突然停电必须先切断电源，然后按动刹车慢慢地放松，将吊物匀速缓缓地放至地面。

10）保养设备必须在停机后进行，严禁在运转中进行维修保养或加油。

11）夜间作业，必须有足够的照明装置。

12）卷扬机不得超负荷吊装或拖拉超过额定重量的物件。

13）司机离开时，必须切断电源，锁好闸箱。

1.3.5 台钻

1）使用台钻要带好防护眼镜和规定的防护用品，禁止戴手套作业。

2）钻孔时，工件必须用钳子、夹具或压铁夹紧压牢，钻薄片工件时，下面要垫木板。

3）不准在钻孔时用纱布清除铁屑，亦不允许用嘴吹或者用手擦拭。

4）在钻孔开始或钻孔要钻穿时，要轻轻用力，以防工件转动或甩出。必要时要加水冷却钻孔。

5）工作中，要把工件放正，用力要均匀，以防钻头折断。

1.3.6 电焊机

1）电焊机必须安放在通风良好、干燥、无腐蚀介质、远离高温高湿和多粉尘的地方。露天使用的焊机应搭设防雨棚，焊机应用绝缘物垫起。垫起高度不得小于 20cm，按规定配备消防器材。

2）电焊机使用前，必须检查绝缘及接线情况，接线部分必须使用绝缘胶布缠严，不得腐蚀、受潮及松动。

3）电焊机必须设单独的电源开关、自动断电装置。一次侧电源线长度不大于 5m，二次线焊把线长度不大于 30m。两侧接线应压接牢固，必须安装可靠防护罩。

4）电焊机的外壳必须设可靠的接零或接地保护。

5）电焊机焊接电缆线必须使用多股细铜线电缆，其截面应根据电焊机使用规定选用。电缆外皮应完好、柔软，其绝缘电阻不小于 $1M\Omega$。

6）电焊机内部应保持清洁。定期吹净尘土。清扫时必须切断电源。

7）电焊机启动后，必须空载运行一段时间。调节焊接电流及极性开关应在空载下进行。直流焊机空载电压不得超过 90V，交流焊机空载电压不得超过 80V。

8）使用交流电焊机作业应遵守下列规定：

（1）多台焊机接线时三相负载应尽量调整平衡，一级线上必须有漏电保护开关。

（2）电焊机应绝缘良好。焊接变压器的一次线圈绕组与二次线圈绕组之间、绕组与外壳之间的绝缘电阻不得小于 $1M\Omega$。

（3）电焊机的工作负荷应依照设计规定，不得超载运行。作业中应经常检查电焊机的温升，超过 A 级 60℃、B 级 80℃时必须停止运转。

9）使用氩弧焊机作业应遵守下列规定：

（1）工作前应检查管路，气管、水管不得受压、泄漏。

（2）氩气减压阀、管接头不得沾有油脂。安装后应试验，管路应无障碍、不漏气。

（3）水冷型焊机冷却水应保持清洁，焊接中水流量应正常，严禁断水施焊。

（4）高频氩弧焊机，必须保证高频防护装置良好，不得发生短路。

（5）更换钨极时，必须切断电源。磨削钨极必须戴手套和口罩。磨削下来的粉尘应及时清除。钍、铈钨极必须放置在密闭的铅盒内保存，不得随身携带。

（6）氩气瓶内氩气不得用完，应保留 98～226kPa。氩气瓶应直立、固定放置，不得平放或倒放。

（7）作业后切断电源，关闭水源和气源。焊接人员必须及时脱去工作服，清洗手脸和外露的皮肤。

10）使用二氧化碳气体保护焊机作业应遵守下列规定：

（1）作业前预热 15min，开气时，操作人员必须站在瓶嘴的侧面。

（2）二氧化碳气体预热器端的电压不得高于 36V。

（3）二氧化碳气瓶应放在阴凉处，不得靠近热源。最高温度不得超过 30℃，并应放置牢靠。

（4）作业前应进行检查，焊丝的进给机构、电源的连接部分、二氧化碳气体的供应系统以及冷却水循环系统均应符合要求。

11）使用埋弧自动、半自动焊机作业应遵守下列规定：

（1）作业前应进行检查，送线滚轮的沟槽及齿纹应完好，滚轮、导电嘴（块）必须接触良好，减速箱油槽中的润滑油应充量合格。

（2）软管式送丝机构的软管槽孔应保持清洁，定期吹洗。

12）焊钳和焊接电缆应符合下列规定：

（1）焊钳应保证任何斜度都能夹紧焊条，且便于更换焊条。

（2）焊钳必须具有良好的绝缘、隔热能力。手柄绝热性能应良好。

（3）焊钳与电缆的连接应简便可靠，导体不得外露。

（4）焊钳弹簧失效，应立即更换。钳口处应经常保持清洁。

（5）焊接电缆应具有良好的导电能力和绝缘外层。

（6）焊接电缆的选择应根据焊接电流的大小和电缆长度，按规定选用较大的截面积。

（7）焊接电缆接头应采用铜导体，且接触良好，安装牢固可靠。

13）使用直流焊机应遵守以下规定：

（1）操作前应检查焊机外壳的接地保护、一次电源线接线柱的绝缘、防护罩、电压表、电流表的接线、焊机旋转方向与机身指示标志和接线螺栓等均合格、齐全、灵敏、牢固方可操作。

（2）焊机应垫平、放稳。多台焊机在一起应留有间距 500mm 以上，必须一机一闸，一次电源线长度不得大于 5m。

（3）旋转直流弧焊机应有补偿器和"启动"、"运转"、"停止"的标记。合闸前应确认手柄是否在"停止"位置上。启动时，辨别转子是否旋转，旋转正常再将手柄扳到"运转"位置。焊接时突然停电，必须立即将手柄扳到"停止"位置。

（4）不锈钢焊接采用"反接极"，即工件接负极。如焊机正负标记不清或转换钮与标记不符，必须用万能表测量出正负极性，确认后方可操作。

（5）不锈钢焊条药皮易脱落，停机前必须将焊条头取下或将焊机把挂好，严禁乱放。

1.3.7 登高车

安装工程中使用的登高车有液压升降平台、剪叉式液压升降平台、曲臂式液压车等，又分驱动型和无驱动型，在这里对一般通用安全要求进行描述。

1. 管理要求

1）租赁或购买的登高车必须有产品合格证明，柴油动力曲臂车应有特种设备使用证明。

2）登高车应有使用说明书和安全操作规程，并严格按照安全操作规程作业。

2. 安全使用要求

1）禁止支腿没有支撑或支撑不到位情况下的高处作业。

2）禁止升降台在移动时进行高处作业。

3）禁止需带电操作的高处作业。

4）禁止超过额定载荷下的高空作业。

5）非电气专业人员不得随意拆装电器，防止触电或误接。

6）升降台上升状态时进入升降台内部检修，须吊住升降台台面，防止升降台自行下降而造成人员伤亡。

7）拆卸液压系统中的任何部位，必须在完全泄压状态下进行。

8）注意周围环境，避免与电线、电器设备及其他设施碰撞。

9）工作条件为风力不大于 6 级，台面承载不得大于额定承载。

10）开动前先检查平台是否完好，护栏等安全装置是否完好。

11）升降机起高时，操作人员必须密切注视与上方物体距离，避免起高碰撞人体。

1.3.8 咬口机

1）应先空载运转，确认正常后方可作业。

2）工件长度、宽度不得超过机具允许范围。

3）作业中有异物进入辊轮时，应及时停机修理。

4）严禁用手触摸转动中的辊轮，用手送料到末端时，手指必须离开工件。

1.3.9 剪板机

1）启动前，应检查各部润滑、紧固情况，切刀不得有缺口，启动后经空转 1～2min，确认正常后，方可作业。

2）剪切钢板的厚度不得超过剪板机规定的能力。切窄板材时，应在被剪板上压一块较宽钢板，使垂直压紧装置下落时能压牢被剪板材。

3）应根据被剪板材厚度，调整上、下切刀间隙，切刀间隙不得大于板材厚度的 5%，斜口剪时不得大于 7%，调整后应用手转动及空车运转试验。

4）制动装置应根据磨损情况，及时调整。

5）一人以上作业时，须待指挥人员发出信号方可作业，送料时须待上剪刀停止后进行，严禁将手伸进垂直压紧装置的内侧。

6）送料时，应放正、放平、放稳，手指不得接近切刀和压板。

1.3.10　折板机

1）折板机应安装稳固。

2）作业前，应检查电气设备、液压装置及各紧固件，确认完好后，方可开机。

3）作业时应先校对模具，预留被折板厚度的1.5～2倍间隙，经试折后，检查机械和模具装备均无误，在调整到折板规定的间隙，方可正式作业。

4）作业中应经常检查上模具的紧固件和液压缸，当发现有松动或泄漏等情况，应立即停机，处理后，方可继续作业。

5）上下模间的间隙必须调整均匀，下模和工作台上不准放置任何工具和杂物，工件表面不得有焊疤等缺陷。

6）操作时不得将手靠近上下模。操作人员应相互配合，翻板及折方时，前面不得站人。

1.3.11　液压铆钉钳

1）接通电源后，应运转2～3min，无异常声音时再按动钳头按钮。操作时，必须将铆钉头与钳头活塞杆中心对准，按动电钮完成板材冲孔，然后偏移铆钉中心，再按动电钮即完成铆接作业。

2）操作时严禁将手置于活塞杆与铆钉之间。应注意手同开关的距离，严禁准备工作时触动开关。

3）系统上的压力调整螺钉与流量调整螺钉，严禁随意拧动。

1.3.12　电动剪

1）根据被剪材料的厚度选用相应规格的剪刀，预防因超负荷工作而崩刃。

2）使用电动剪刀时，手要扶稳电动剪，用力适当，严禁用手摸刀片和用手触摸刚刚剪过的工件边缘。

1.3.13　卷圆机

1）操作时应把工件放平、放稳再开机，手不得直接推送板料，预防手被卷入。

2）卷板时，机器未停止转动不准进行检测，卷板的圆度卷到末端时必须留一定余量，预防伤人或损坏机械设备。

1.3.14　手持电动工具

手持式电动工具是便携式电动工具，种类繁多，应用广泛。手持式电动工具的挪动性大、振动较大，容易发生漏电及其他故障。由于此类工具又常常在人手紧握中使用，触电的危险性更大，故在管理、使用、检查、维护上应给予特别重视。

《手持式电动工具的管理、使用检查和维修安全技术规程》（GB 3787—2006）中，将手持电动工具按触电保护措施的不同分为三类：

Ⅰ类工具：靠基本绝缘外加保护接零（地）来防止触电；

Ⅱ类工具：采用双重绝缘或加强绝缘来防止触电；

Ⅲ类工具：采用安全特低电压供电且在工具内部不会产生比安全特低电压高的电压来防止触电。

1）工具的触电保护措施：

（1）根据环境合理选用

在一般场所，应选用Ⅱ类工具；工具本体良好的双重绝缘或外加绝缘是防止触电的安全可靠的措施。如果使用Ⅰ类工具，必须采用漏电保护器或经安全隔离变压器供电；否则，使用者须戴绝缘手套或站在绝缘垫上。

在潮湿场所或金属构架上作业，应选用Ⅱ类或Ⅲ类工具。如果使用Ⅰ类工具，必须装设额定动作电流不大于 30mA、动作时间不大于 0.1s 的漏电保护器。

在狭窄场所（如锅炉内、金属容器内）应使用Ⅲ类工具。如果使用Ⅱ类工具，必须装设额定漏电动作电流不大于 15mA、动作时间不大于 0.1s 的漏电保护器。且Ⅲ类工具的安全隔离变压器、控制箱、电源连接器等和Ⅱ类工具的漏电保护器必须放在外面，并设专人监护。此类场所严禁使用Ⅰ类工具。

在特殊环境，如湿热、雨雪、有爆炸性或腐蚀性气体的场所，使用的手持电动工具还必须符合相应环境的特殊安全要求。

（2）Ⅰ类工具的保护接零

Ⅰ类工具是靠基本绝缘外加保护接零（地）来防止触电的。采用保护接零的Ⅰ类工具，保护零线应与工作零线分开，即保护零线应单独与电网的重复接地处连接。为了接零可靠，必须采用带有黄绿相间的接地专用线（PE 线）的铜芯橡套软电缆作为电源线，其专用芯线即用作接零线。保护零线应采用截面积不小于 1.5mm² 的铜线。工具所用的电源插座和插销，应有专用的接零插孔和插头，不得乱插，防止把零线插入相线造成触电事故。

严禁采用两孔插座，把保护零线和零线混用。因为虽然采取了保护接零措施，手持电动工具仍可能有触电的危险。这是因为单相线路分布很广，相线和零线很容易混淆，这时，相线和零线上一般都装有熔断器，零线保险熔断，而相线保险尚未熔断，就可能使设备外壳呈现对地电压，以酿成触电事故。因此，这种接零不能保证安全，必须采用三相五线制，设置专用接零线。

2）使用与保管：

（1）手持式电动工具必须有专人管理、定期检修，建立健全的管理制度。

（2）每次使用前都要进行外观检查和电气检查。

3）外观检查包括：

（1）外壳、手柄有无裂缝和破损，紧固件是否齐全有效；

（2）软电缆或是否完好无损，保护接零（地）是否正确、牢固，插头是否完好无损；

（3）开关动作是否正常、灵活、完好；

（4）电气保护装置和机械保护装置是否完好；

（5）工具转动部分是否灵活无障碍，卡头牢固。

4）电气检查包括：

（1）通电后反应正常，开关控制有效；

（2）通电后外壳经试电笔检查应不漏电；

（3）信号指示正确，自动控制作用正常；

（4）对于旋转工具，通电后观察电刷火花和声音应正常。

5）手持电动工具在使用场所应加装单独的电源开关和保护装置。其电源线必须采用铜芯多股橡套软电缆或聚氯乙烯护套电缆；电缆应避开热源，且不能拖拉在地。

6）电源开关或插销应完好，严禁将导线芯直接插入插座或挂钩在开关上。特别要防止将火线与零线对调。

7）操作手电钻或电锤等旋转工具，不得带线手套，更不可用手握持工具的转动部分或电线，使用过程中要防止电线被转动部分绞缠。

8）手持式电动工具使用完毕，必须在电源侧将电源断开。

9）在高空使用手持式电动工具时，下面应设专人扶梯，且在发生电击时可迅速切断电源。

10）检修：

手持式电动工具的检修应由专职人员进行。修理后的工具，不应降低原有防护性能。对工具内部原有的绝缘衬垫、套管，不得任意拆除或调换。检修后的工具其绝缘电阻，经用 500V 兆欧表测试，Ⅰ类不低于 2MΩ，Ⅱ类不低于 7MΩ，Ⅲ类不低于 1MΩ，见表 1-4。工具在大修后尚应进行交流耐压试验，试验电压标准分别为：Ⅰ类-950V；Ⅱ类-2800V；Ⅲ类-380V。

手持式电动工具绝缘电阻限值   表 1-4

测量部位	绝缘电阻（MΩ）		
	Ⅰ类	Ⅱ类	Ⅲ类
带电零件与外壳之间	2	7	1

注：1. 绝缘电阻用 500V 兆欧表测量；

    2. 使用手持式电动工具时，必须按规定穿、戴绝缘防护用品。

1.4　施工现场临时用电

1.4.1　概述

施工现场临时用电是项目安全管理的重要部分，管理不善会直接导致触电、火灾等事故，被视为施工现场的重要危险源。安全管理人员在现场管理临时用电的主要依据为《施工现场临时用电安全技术规范》（JGJ 46—2005）。日常检查主要依照《建筑施工安全检查标准》（JGJ 59—2011）的施工用电部分开展。

建筑施工现场临时用电工程专用的电源中性点直接接地的 220/380V 三相五线制低压电力系统，必须符合下列规定：

采用三级配电系统；

采用 TN-S 接零保护系统；

采用二级漏电保护系统。

1.4.2 施工现场临时用电施工组织设计简介

1. 编制说明

根据《施工现场临时用电安全技术规范》（JGJ 46—2005）的规定：临时用电设备在5台以上或设备总容量在50kW及50kW以上者，应编制临时用电施工组织设计。

编制临时用电施工组织设计的目的在于使施工现场临时用电工程有一个可遵循的科学依据，从而保障其运行的安全可靠性；另一方面，临时用电组织设计作为临时用电工程的主要技术资料，有助于加强对临时用电工程的技术管理，从而保障其使用的安全和可靠性。因此，编制临时用电施工组织设计是保障施工现场临时用电安全可靠的、首要的、不可少的基础性技术措施。

临时用电施工组织设计的任务是为现场施工设计一个完备的临时用电工程，制定一套安全用电技术措施和电气防火措施，即所设计的临时用电的要求，同时还要兼顾用电方便和经济。

2. 工程概况

1）工程名称；

2）工程所处的地理位置；

3）工程结构及占地面积。

3. 现场勘测

现场勘测工作包括：调查测绘现场的地形、地貌，正式工程的位置，上下水等地上、地下管线和沟道的位置，建筑材料，器具堆放位置，生产、生活暂设建筑物位置，用电设备装设位置以及现场周围环境等。

临时用电施工组织设计的现场勘测工作与建筑工程施工组织设计的现场勘测工作同时进行，或直接借用其勘测资料。

现场勘测资料是整个临时用电施工组织设计的地理环境条件。

4. 配电箱与开关箱的设计

配电箱与开关箱设计是指为现场所用的非标准配电箱与开关箱的设计，配电箱与开关箱的设计是选择箱体材料，确定箱体结构尺寸，确定箱内电器配置和规格，确定箱内电气接线方式和电气保护措施等。

配电箱与开关箱的设计要和配电线路设计相适应，还要与配电系统的基本保护方式相适应，并满足用电设备的配电和控制要求，尤其要满足防漏电触电的要求。

5. 接地与接地装置设计

接地是现场临时用电工程配电系统安全、可靠运行和防止人身直接或间接触电的基本保护措施。接地与接地装置的设计主要是根据配电系统的工作和基本保护方式的需要确定接地类别，确定接地电阻值，并根据接地电阻值的要求选择或确定自然接地体或人工接地体。对于人工接地体还要根据接地电阻值的要求，设计接地的结构、尺寸和埋深以及相应的土壤处理，并选择接地材料，接地装置的设计还包括接地线的选用和确定接地装置各部分之间的连接要求等。

6. 防雷设计

防雷设计包括：防雷装置装设位置的确定，防雷装置型号的选择，以及相关防雷接地的确定。

防雷设计应保证根据设计所设置的防雷装置，并保护范围可靠地覆盖整个施工现场，并对雷害起到有效的防护作用。

7. 编制安全用电技术措施和电气防火措施

编制安全用电技术措施和电气防火措施要和现场的实际情况相适应，重点是：电气设备的接地（重复接地），接零（TN-S 系统），电路保护，装设漏电保护器，一机、一闸、一漏、一箱，外电防护，开关电器的装设、维护、检修，更换，以及对水源、火源、腐蚀物质和易燃易爆物处置等内容。

编制安全用电技术措施和电气防火措施时，不仅要考虑现场的自然环境和工作条件。还要兼顾现场的整个配电系统，包括从变电所到用电设备的整个临时用电工程。

1.4.3 施工现场临时用电管理及电工、用电人员管理

1. 现场临时用电管理

1）安全员现场临电管理的主要职责是用电安全检查。

2）施工用电检查评定的保证项目应包括：外电防护、接地与接零保护系统、配电线路、配电箱与开关箱。一般项目应包括：配电室与配电装置、现场照明、用电档案。

3）施工用电保证项目的检查评定应符合下列规定：

（1）外电防护

① 外电线路与在建工程及脚手架、起重机械、场内机动车道的安全距离应符合规范要求；

② 当安全距离不符合规范要求时，必须采取绝缘隔离防护措施，并应悬挂明显的警示标志；

③ 防护设施与外电线路的安全距离应符合规范要求，并应坚固、稳定；

④ 外电架空线路正下方不得进行施工、建造临时设施或堆放材料物品。

（2）接地与接零保护系统

① 施工现场专用的电源中性点直接接地的低压配电系统应采用 TN-S 接零保护系统；

② 施工现场配电系统不得同时采用两种保护系统；

③ 保护零线应由工作接地线、总配电箱电源侧零线或总漏电保护器电源零线处引出，电气设备的金属外壳必须与保护零线连接；

④ 保护零线应单独敷设，线路上严禁装设开关或熔断器，严禁通过工作电流；

⑤ 保护零线应采用绝缘导线，规格和颜色标记应符合规范要求；

⑥ TN 系统的保护零线应在总配电箱处、配电系统的中间处和末端处做重复接地；

⑦ 接地装置的接地线应采用 2 根及以上导体，在不同点与接地体做电气连接。接地体应采用角钢、钢管或光面圆钢；

⑧ 工作接地电阻不得大于 4Ω，重复接地电阻不得大于 10Ω；

⑨ 施工现场起重机、物料提升机、施工升降机、脚手架应按规范要求采取防雷措施，防雷装置的冲击接地电阻值不得大于 30Ω；

⑩ 做防雷接地机械上的电气设备，保护零线必须同时做重复接地。

（3）配电线路

① 线路及接头应保证机械强度和绝缘强度；

② 线路应设短路、过载保护，导线截面应满足线路负荷电流；

③ 线路的设施、材料及相序排列、档距、与邻近线路或固定物的距离应符合规范要求；

④ 电缆应采用架空或埋地敷设并应符合规范要求，严禁沿地面明设或沿脚手架、树木等敷设；

⑤ 电缆中必须包含全部工作芯线和用作保护零线的芯线，并应按规定接用；

⑥ 室内非埋地明敷主干线距地面高度不得小于 2.5m。

（4）配电箱与开关箱

① 施工现场配电系统应采用三级配电、二级漏电保护系统，用电设备必须有各自专用的开关箱；

② 箱体结构、箱内电器设置及使用应符合规范要求；

③ 配电箱必须分设工作零线端子板和保护零线端子板，保护零线、工作零线必须通过各自的端子板连接；

④ 总配电箱与开关箱应安装漏电保护器，漏电保护器参数应匹配并灵敏可靠；

⑤ 箱体应设置系统接线图和分路标记，并应有门、锁及防雨措施；

⑥ 箱体安装位置、高度及周边通道应符合规范要求；

⑦ 分配箱与开关箱间的距离不应超过 30m，开关箱与用电设备间的距离不应超过 3m。

（5）施工用电一般项目的检查评定

① 配电室与配电装置

a. 配电室的建筑耐火等级不应低于三级，配电室应配置适用于电气火灾的灭火器材；

b. 配电室、配电装置的布设应符合规范要求；

c. 配电装置中的仪表、电器元件设置应符合规范要求；

d. 备用发电机组应与外电线路进行联锁；

e. 配电室应采取防止风雨和小动物侵入的措施；

f. 配电室应设置警示标志、工地供电平面图和系统图。

② 现场照明

a. 照明用电应与动力用电分设；

b. 特殊场所和手持照明灯应采用安全电压供电；

c. 照明变压器应采用双绕组安全隔离变压器；

d. 灯具金属外壳应接保护零线；

e. 灯具与地面、易燃物间的距离应符合规范要求；

f. 照明线路和安全电压线路的架设应符合规范要求；

g. 施工现场应按规范要求配备应急照明。

③ 用电档案

施工现场临时用电必须建立安全技术档案，其内容应包括：

a. 临时用电施工组织设计；

b. 修改临时用电施工组织设计的资料；

c. 技术交底资料；

d. 临时用电工程检查验收表；

e. 电气设备的试、检验凭单和调试记录；

f. 接地电阻测定记录表；

g. 定期检（复）查表；

h. 电工维修工作记录。

相关表格见表 1-5～表 1-10。

临时用电工程检查验收表

表 1-5

工程名称	供电方式	计划容量(kW)	进线截面(mm²)	额定电流(A)	设备保护方式
					制式

项目	验 收 要 求	检查结果
线路与在建工程距离	高低压线下方，无生活设施、作业棚、堆放材料、施工作业区	
	起重机或吊物及在建工程(含脚手架)的外侧边缘与外电架空线边线之间，保持安全操作距离	
	无法保持安全操作距离时增设足够强度、刚度和稳固性的非金属材质的外电防护隔离设施，并派专人维护	
线路架空敷设	架空线为绝缘线，满足载流量，允许电压降的机械强度要求，相线与零线要用颜色区分，架设在专用电杆(水泥杆或木杆)上，严禁架设在树上及脚手架上。电杆材质、直径、埋深符合要求。拉线用截面大于 3×φ4 镀锌铁丝，在高于地面 2.5m 处设拉线瓷隔离，杆间距离<25m。横担牢固，绝缘子固定电线，线间距不得小于 0.3m，排列整齐	
	电线最大弦垂与地面距离：施工现场 4m；机动车道 6m；铁路轨道 7.5m	
	固定设备电线穿管埋地或架空敷设，不乱拖乱拉	
	电缆穿管埋地时，埋地深大于 0.5m，管内导线无线头，管口密封。架空敷设，用绝缘子固定，严禁使用金属裸线绑扎。接头牢固可靠，不承受拉力进行三包(黄绿带、黑胶布、防水胶布)	
	室内配线采用绝缘导线，瓷瓶(瓷夹)固定，距地高>2.5m，排列整齐	
配电箱、室	总配电室：五防一通(防火、防水、防漏、防雨、防小动物、通风)，配备绝缘手套、绝缘鞋。配电板(屏、箱)操作通道和维护通道宽度符合规定，不堆放杂物，保持畅通	
	配电箱(室)门、锁、安全标志齐全，编号、防雨、防尘、整洁、完好	
	板面线路布置规则：分路合理、电器灵敏、完好、整洁、排列整齐，压接牢固，无带电体外露，设零排和地排，动力和照明分开设置，回路标记明显，各级配电装置容量与实际负载匹配	
	总配电：有总熔断器、总开关(或漏电开关)、分路熔断器、分路开关、电度表等；分配电：有总熔断器、总开关、分路熔断器、分路漏电开关(额定漏电动作电流<50mA·0.1s)z 线路下进下出(铁电箱加护套)，排列整齐，不破皮老化，箱底离地 1.3～1.5m	
	分配电箱和移动电箱，每个回路设漏电开关，一机一闸一漏，编号标记，下班后拉闸断电、上锁	
	振捣器、平板振动机、水磨石机、潜水泵、打夯机、手持电动工具等移动设备采用二级漏电保护，其移动电箱开关额定漏电动作为 30mA·0.1s，潮湿等特殊场所为 15mA·0.1s	
现场照明	照明回路应设漏电开关。灯具与地面、易燃物和电线保持安全距离。灯具的金属外壳必须作保护接地(零)。电线无老化破皮，应用绝缘子固定，不随地拖拉或绑在脚手架上。手持照明灯及危险场所使用安全电压，不使用塑料胶质线或花线	
	钢井架、金属脚手架、机械设备、配电箱(室)接地装置设置规范。电阻经测试，对地电阻值符合规范要求	

验收意见		验收人签名	
		工地负责人	
		电工	
		设备员	
	年 月 日	安全员	

现场临时用电（低压）电工操作安全技术交底　　　表1-6

施工单位名称		单位工程名称	
施工部位		施工内容	

安全技术交底内容	1. 必须经技术培训考核合格后持有效的特种作业证上岗； 2. 从事电气作业的难易程度，须符合电工等级要求。对难度较大、较复杂的电气工程,不得由低等级电工完成； 3. 电工必须熟悉《施工现场临时用电安全技术规范》； 4. 所有绝缘、检验工具,应妥善保管,严禁他用,并要定期检查、校验； 5. 线路上禁止带负荷接电或断电,并禁止带电操作； 6. 带危险性作业,必须有人在安全距离外监护； 7. 电力传动装置的调试和维修时,除采取可靠的断电措施外,在开关箱处应悬挂"有人操作,禁止合闸"标志牌,并有专人监护
施工现场针对性安全交底	

交底人签名		接受交底负责人签名		交底时间	年月日

作业人员签名	

注：本表一式两份，班组自存一份，资料室归档一份。

34

施工用电设备明细表　　　　　　　　　　表 1-7

工程名称：　　　　　　　　　　施工单位：

序号	设备名称	数量（台）	设备数据					总容量（kW）	备注
			容量/台（kW）	相数（相）	功率因素	电压（V）	暂载率（％）		

总容量合计：　　　（kW）制表人签名：　　现场技术负责人签名：　　填报日期：　　年　月　日

填 表 说 明

1. 设备数据应从设备的铭牌中如实抄录，作为计算负荷的主要依据。

2. 备用设备应在备注中说明，以保证负荷计算准确。

3. 暂载率：单台设备在工作台班中 ［负载时间/（负载时间＋空载时间）］×100％。

接地电阻测定记录表　　　　　　　　　　表 1-8

工程名称：　　　　　　　　　　施工单位：

序号	工作接地电阻（Ω）		保护接地电阻（Ω）		重复接地电阻（Ω）		检测地点	验收意见
	规范值	实测值						
备注			检测人： 验收人：		仪表型号： 仪表编号： 　　　　　年　月　日			

填 表 说 明

1. 施工现场专用的中性点直接接地的电力线路中必须采用 TN-S 接零保护系统。当施工现场与外电线路共用同一供电系统时，电力线路采用 TT 系统，不得一部分设备作保护接零，另一部分设备作保护接地。

2. 变压器（发电机）总容量不超过 100kVA，工作接地电阻、保护接地电阻不大于 10Ω，重复接地电阻每一处不大于 30Ω，但重复接地不小于三处，所有重复接地电阻的并联等效电阻不大于 10Ω。

3. 变压器（发电机）总容量在 100kVA 以上，工作接地电阻、保护接地电阻不大于 4Ω，重复接地电阻不大于 10Ω，但重复接地不小于三处。

35

施工现场电气设备检查记录表　　　　　　　　　　表 1-9

工程名称：　　　　　　检查日期：　年 月 日（星期 ）　天气：（晴、阴、雨）

| 项目＼设备名称 | 电机数据 | | | 绝缘电阻 | | 接地(零)线 | | 漏电开关 | | | | 外绝缘层检查 |
	功率（kW）	相数（相）	电压（V）	绕组对壳（MΩ）	相间（MΩ）	接地(零)线电阻（Ω）	截面积（mm²）	动作电流（mA）	动作时间（s）	可靠性上午	可靠性下午	

兆欧表型号：　　　电压：　V　　　　　　检查电工　　　　　　　安全负责人
签　名：　　　　　　　　签　名：
　　　　　　　　　　　　　　　　　　　　　　　　　　　　　　　　年 月 日

配电箱每日专职检查记录表　　　　　　　　　　表 1-10

工程名称：　　　　　　检查日期：　年 月 日（星期 ）　天气：（晴、阴、雨）

| 配电箱名称及编号 | 检查项目 | | | | | | | | | | |
	配置位置	防水性能	进、出电缆	箱内接线	PE线	刀闸开关	保险丝	漏电开关	电源插座	门、锁	备注

检查电工　　　　　　　　　　　安全负责人
签　名：　　　　　　　　　　　签　名（每周）：　　　　　年 月 日

2. 电工、用电人员管理

1）电工必须经过按国家现行标准考核合格后，持证上岗工作；其他用电人员必须通过相关安全教育培训和技术交底，考核合格后方可上岗工作。

2）安装、巡检、维修或拆除临时用电设备和线路，必须由电工完成，并应有人监护。电工等级应同工程的难易程度和技术复杂性相适应。

3) 各类用电人员应掌握安全用电基本知识和所用设备的性能，并应符合下列规定：

（1）使用电气设备前必须按规定穿戴和配备好相应的劳动防护用品，并应检查电气装置和保护设施，严禁设备带"缺陷"运转；

（2）保管和维护所用设备，发现问题及时报告解决；

（3）暂时停用设备的开关箱必须分断电源隔离开关，并应关门上锁；

（4）移动电气设备时，必须经电工切断电源并做妥善处理后进行。

1.4.4 外电防护及接地、接零、防雷的一般要求

1. 外电防护

1）在施工现场周围往往存在一些高、低压电力线路，这些不属于施工现场的外接电力线路统称为外电线路。外电线路一般为架空线路，个别现场也会遇到电缆线路。由于外电线路的位置原已固定，因而其与施工现场的相对距离也难以改变，这就给施工现场作业安全带来了不利影响因素。如果施工现场距离外电线路较近，往往会因施工人员搬运物料、器具，尤其是金属料具或操作不慎意外触及外电线路，从而发生触电伤害事故。

2）外电防护的技术措施主要有：绝缘、屏护、安全距离、限制放电能量、24V及以下安全特低电压。对于施工现场外电防护这种特殊的防护，基本上不存在安全特低电压和限制放电能量的问题，因此其防护措施主要应是做到绝缘、屏护、安全距离。

（1）在建工程不得在外电架空线路正下方施工，搭设作业棚、建造生活设施或堆放构件、架具、材料及其他杂物等。

（2）在建工程的周边与外电架空线路的边线之间的最小安全操作距离不应小于表1-11所列数值。

在建工程（含脚手架）的周边与架空线路的边线之间的最小安全操作距离　　表1-11

外电线路电压等级/kV	<1	1～10	35～110	220	230～500
最小安全操作距离/m	4	6	8	10	15

（3）架设安全防护设施：架设安全防护设施是一种绝缘隔离防护措施，宜通过采用木、竹或其他绝缘材料增设屏障、遮栏、围栏、保护网等与外电线路实现强制性绝缘隔离，并须在隔离处悬挂醒目的警告标志牌。

2. 接地、接零

1）接地：设备与大地用金属连接。接地主要有四种类型：

（1）工作接地：在电力系统中，因运行需要的接地（如：三相供电系统中，电源中性点的接地）称为工作接地。

（2）保护接地：因漏电保护需要，将电气设备正常情况下不带电的金属外壳和机械设备的金属架（件）接地，称为保护接地。

（3）重复接地：在中性点直接接地的电力系统中，为了保证接地的作用和效果，除在中性点处直接接地外，在中性线上的一处或者多处再做接地，称为重复接地。

（4）防雷接地：防雷装置（避雷针、避雷器）等的接地，称为防雷接地。作防雷接地的电气设备，必须同时作重复接地。

2）接零：电气设备与零线连接。接零又可分为：

（1）工作接零：电气设备因运行需要而与工作零线连接，称为工作接零。

（2）保护接零：电气设备正常情况不带电的金属外壳和机械设备的金属构架与保护零线连接，称为保护接零。城防、人防、隧道等潮湿或条件特别恶劣施工现场的电气设备必须采用保护接零。

3）当施工现场与外电线路共用同一供电系统时，不得一部分设备作保护接零，另一部分作保护接地。

3. 防雷

雷电是一种破坏力、危害性极大的自然现象，要想消除它是不可能的，但消除其危害却是可能的。即可通过设置一种装置，人为控制和限制雷电发生的位置，并使其不致危害到需要保护的人、设备或设施。这种装置称作防雷装置或避雷装置。

防雷部位的确定：首先应考虑邻近建筑物或设施是否有防直击雷装置，如果有，它们是在其保护范围以内，还是在其保护范围以外。如果施工现场的起重机、物料提升机、外用电梯等机械设备，以及钢脚手架和正在施工的在建工程等的金属结构，在相邻建筑物、构筑物等设施的防雷装置保护范围以外，则应按规定安装防雷装置。参照现行国家标准《建筑物防雷设计规范》，施工现场需要考虑防直击雷的部位主要是塔式起重机、拌合楼、物料提升机、外用电梯等高大机械设备及钢脚手架、在建工程金属结构等高架设施，并且其防雷等级可按三类防雷对待。防感应雷的部位则是设置现场变电所时的进、出线处。

1.4.5 施工配电系统及现场照明

1. 施工配电系统安全技术

1）配电线路

施工现场配电线路一般可分为室外和室内配电线路。室外配电线路又可分为架空配电线路和电缆配电线路。

（1）导线截面

① 导线的负荷电流不大于其允许载流量。

② 线路的末端电压降不应超过5%。

③ 满足机械强度，架空绝缘铝线不小于16mm²，绝缘铜线不小于10mm²，跨越铁路、公路、河流、电力线等绝缘铝线不小于35mm²，绝缘铜线不小于16mm²。

④ 单相回路中的中性线（零线）截面与相线截面相同，三相四线制的中性线（零线）截面和专用保护零线（五线制）的截面不小于相线截面的50%。长期连续负荷的电线电缆其截面应按电力负荷的计算电流及国家有关规定条件选取。室内配线所用导线截面，应根据计算确定，但绝缘铝线不小于2.5mm²，绝缘铜线不小于1.5mm²。应满足长期运行温升的要求。

2）架空线路的敷设

（1）架空线必须设在专用电杆上，宜采用混凝土杆或木杆。混凝土杆不得有露筋、环向裂纹和扭曲；木杆不得腐朽，其梢径应不小于130mm。

（2）电杆埋深为杆长的1/10加0.6m。但在松软土质处应适当加大埋设深度或采用卡盘等加固。

（3）架空线路的挡距不得大于35m，线间距离不得小于0.3m。

（4）横担间的最小垂直距离、绝缘子、拉线、撑杆等均应符合规范要求。架空线路与邻近线路或设施的距离除应符合规范要求外，同时还应考虑施工现场以后的变化，如场内地坪可能垫高、所造建筑物的变化等。

（5）考虑施工情况，防止先架设的架空线，与后施工的外脚手架、结构挑檐、外墙装饰等距离太近而达不到要求。

（6）架空线路应设置短路保护和过负荷保护。

3）电缆线路的敷设

（1）埋地敷设

① 电缆在室外直接埋地敷设的深度应不小于0.6m，并应在电缆上下均匀铺设不少于60mm厚的细砂，然后覆盖砖等硬质保护层。

② 电缆穿越建筑物、构筑物、道路、易受机械损伤的场所及引出地面从2m高度至地下0.2m处，必须加设保护套管。保护套管内径应大于电缆外径的1.5倍。

③ 施工现场埋设电缆时，应尽量避免碰到下列场地：经常积存水的地方，地下埋设物较复杂的地方，时常挖掘的地方，预定建设建筑物的地方，散发腐蚀性气体或溶液的地方，以及制造和贮存易燃易爆危险物质场所。

④ 埋地敷设的电缆接头应设在地面上的接线盒内，接线盒应能防水、防尘、防机械损伤，应远离易燃易爆、易腐蚀场所。

⑤ 电缆线路与其附近热力管道的平行间距不得小于2m，交叉间距不得小于1m。

（2）架空敷设

① 橡皮电缆架空敷设时，应沿墙或电杆设置，并用绝缘子固定，严禁使用金属裸线作绑线。

② 架空电缆的档距应保证电缆能承受自重所带来的荷载。

③ 架空电缆的最大弧垂点距地不得小于2.5m。

④ 高层建筑的临时用电，用电缆配电方式埋设后再引入到楼层内，也有直接架空引入室内。电缆的垂直敷设，应充分应用在建工程的竖井、垂直的管笼孔洞等，并应靠近负荷中心处，电缆在每个楼层设一处固定点。当电缆水平敷设沿墙或门口固定，最大弧垂距地不得小于1.8m。

⑤ 电缆接头应牢固可靠，并作绝缘包扎，不得承受张力。

⑥ 电缆线路不得沿地面明设，并应避免机械损伤和介质腐蚀。

（3）室内配电线路

① 室内配线必须采用绝缘导线。采用瓷瓶、瓷夹等敷设，距地高度不小于2.5m。

② 进户线过墙应穿管保护，距地高不小于2.5m，并有防雨措施。其室外端应用绝缘子固定。

③ 潮湿场所或埋地非电缆配线必须穿管敷设，管口应密封。用金属管敷设时须作保护接零。

2. 配电箱、开关箱安全技术

1）配电原则

（1）"三级配电、两级保护"原则

三级配电是指配电系统应设置总配电箱、分配电箱、开关箱，形成三级配电。总配电箱以下可设若干分配电箱，分配电箱以下可设若干开关箱，开关箱下就是用电设备。

二级保护主要指采用漏电保护措施，除在末级开关箱内加装漏电保护器外，还要在上一级分配电箱或总配电箱中再加装一级漏电保护器，总体上形成两级保护。

（2）开关箱"一机、一闸、一漏、一箱、一锁"原则

《建筑施工安全检查标准》规定，施工现场用电设备应当实行"一机、一闸、一漏、一箱"。其含义是：每台用电设备必须有各自专用的开关箱，严禁用同一个开关箱直接控制2台及以上用电设备（含插座）。开关箱内必须加装漏电保护器，该漏电保护器只能保护1台设备，不能保护多台设备。另外还应避免发生直接用漏电保护器兼作电器控制开关的现象。"一闸"是指一个开关箱内设一个刀闸（开关），也只能控制一台设备。

"一锁"是要求配电箱、开关箱箱门应配锁，并应由专人负责。施工现场停止作业1h以上时，应将动力开关箱断电上锁。

（3）动力、照明配电分设原则

动力配电箱与照明配电箱宜分别设置，当合并设置为同一配电箱时动力和照明应分路配电，动力开关箱与照明开关箱必须分设。

2）配电箱及开关箱的设置

（1）总配电箱应设在靠近电源的区域，分配电箱应设在用电设备或负荷相对集中的区域。分配电箱与开关箱的距离不得超过30m。开关箱与其控制的固定用电设备的水平距离不宜超过3m。

（2）配电箱、开关箱应装设干燥、通风及常温场所，不得装设在有严重损伤作用的瓦斯、烟气、潮气及其他有害介质中，也不得装设在易受外来固体物撞击、强烈振动、液体浸溅及热源烘烤场所。否则，应予清除或做防护处理。

（3）配电箱、开关箱周围应有足够2人同时工作的空间和通道。不得堆放任何妨碍操作、维修的物品，不得有灌木、杂草。

（4）配电箱、开关箱应采用冷轧钢板或阻燃绝缘材料制作，钢板厚度应为1.2～2.0mm，其中开关箱箱体钢板厚度不得小于1.2mm，配电箱箱体钢板厚度不得小于1.5mm，箱体表面应做防腐处理。

（5）配电箱、开关箱应装设端正、牢固。固定式配电箱、开关箱的中心点与地面的垂直距离应为1.4～1.6m。移动式配电箱、开关箱应装设在坚固的支架上。其中心点与地面的垂直距离宜为0.8～1.6m。

（6）配电箱、开关箱内的电器（含插座）应先安装在金属或非木质阻燃绝缘电器安装板上，然后方可整体紧固在配电箱、开关箱箱体内。金属电器安装板与金属箱体应做电气连接。

（7）配电箱、开关箱内的电器（含插座）应按其规定的位置紧固在电气安装板上，不得歪斜和松动。

（8）配电箱的电器安装板上必须设N线端子板和PE线端子板。N线端子板必须与金属电器安装板绝缘；PE线端子板必须与金属电器安装板做电器连接。进出线中的N线必须通过N线端子板连接；PE线必须通过PE线端子板连接。

（9）配电箱、开关箱内的连接线必须采用铜芯绝缘导线。按颜色标志排列整齐；导线分支接头不得采用螺栓压接，应采用焊接并做好绝缘包扎，不得外露带电部分。

（10）配电箱和开关箱的金属箱体、金属电器安装板以及电器正常不带电的金属底座、外壳等必须通过 PE 线端子板与 PE 线做电气连接，金属箱门与金属箱体必须通过采用编织软铜线做电气连接。

（11）配电箱、开关箱中导线的进线口和出线口应设在箱体的下底面。

（12）配电箱、开关箱的进、出线口应配置固定线卡，进出线应加绝缘护套并成束卡固在箱体上，不得与箱体直接接触。移动式配电箱、开关箱的进出线应采用橡皮护套绝缘电缆，不得有接头。

（13）配电箱、开关箱外形结构应能防雨、防尘。

3）隔离开关

（1）总配电箱、分配电箱、开关箱中，都要装设隔离开关，满足在任何情况下都可以对用电设备实行电源隔离。隔离开关应采用分断时具有可见分断点，能同时断开电源所有极的隔离电器，并应设置于电源进线端。

（2）开关箱中的隔离开关只可直接控制照明电路和容量不大于 3.0kW 的动力电路，但不应频繁操作。容量大于 3.0kW 的动力电路应采用断路器控制，操作频繁时还应附设接触器或其他启动控制装置。

4）漏电保护器

（1）漏电保护器应装设在配电箱、开关箱靠近负荷的一侧，且不得用于启动电气设备的操作。

（2）开关箱中漏电保护器的额定漏电动作电流不应大于 30mA，额定漏电动作时间不应大于 0.1s。

（3）使用于潮湿和有腐蚀介质场所的漏电保护器应采用防溅型产品，其额定漏电动作电流不应大于 15mA，额定漏电动作时间不应大于 0.1s。

（4）总配电箱中漏电保护器的额定漏电动作电流应大于 30mA，额定漏电动作时间应大于 0.1s，但其额定漏电动作电流与额定漏电动作时间的乘积不应大于 30mA·s。

（5）总配电箱和开关箱中漏电保护器的极数和线数必须与其负荷侧负荷的相数和线数一致。

（6）配电箱、开关箱中的漏电保护器宜选用无辅助电源型（电磁式）产品，或选用辅助电源故障时能自动断开的辅助电源型（电子式）产品。当选用辅助电源故障时不能自动断开的辅助电源型（电子式）产品，应同时设置缺相保护。

5）使用与维护

（1）配电箱、开关箱应有名称、用途、分路标记及系统接线图。

（2）配电箱、开关箱箱门应配锁，并应由专人负责。

（3）配电箱、开关箱应定期检查、维修。检查、维修人员必须是专业电工。检查、维修时必须按规定穿、戴绝缘鞋、绝缘手套，必须使用电工绝缘工具，并应做检查、维修工作记录。

（4）配电箱、开关箱进行定期检查、维修时，必须将其前一级相应的电源隔离开关分闸断电，并悬挂"禁止合闸，有人工作"停电标志牌，严禁带电作业。

（5）配电箱、开关箱的操作，除了在电气故障的紧急情况外，必须按照下述顺序：

① 送电操作顺序为：总配电箱-分配电箱-开关箱。

② 停电操作顺序为：开关箱-分配电箱-总配电箱。

（6）配电箱、开关箱内的电器配置和接线严禁随意改动。熔断器的熔体更换时，严禁采用不符合原规格的熔体代替。漏电保护器每天使用前应启动漏电试验按钮试跳一次，试跳不正常时严禁继续使用。

（7）配电箱、开关箱的进线和出线严禁承受外力。严禁与金属尖锐断口、强腐蚀介质和易燃易爆物接触。

3. 现场照明安全技术措施

1）室外照明

施工现场的一般场所宜选用额定电压为220V的照明器。为便于作业和活动，在一个工作场所内，不得装设局部照明。停电时，应有自备电源的应急照明。

（1）照明器使用的环境条件

① 正常湿度时，选用开启式照明器。

② 在潮湿或特别潮湿的场所，选用密闭型防水防尘照明器或配有防水灯头的开启式照明器。

③ 含有大量尘埃但无爆炸和火灾危险的场所，采用防尘型照明器。

④ 对有爆炸和火灾危险的场所，必须按危险场所等级选择相应的照明器。

⑤ 在振动较大的场所，应选用防振型照明器。

⑥ 对有酸碱等强腐蚀物质的场所，应采用耐酸碱型照明器。

（2）特殊场合照明器应使用安全电压

① 隧道、人防工程，有高温、导电灰尘和灯具离地面高度低于2.4m等场所的照明，电源电压应不大于36V。

② 在潮湿和易触及带电体场所的照明电源电压不得大于24V。

③ 在特别潮湿场所、导电良好的地面、锅炉或金属容器内工作的照明电源电压不得大于12V。

（3）行灯使用要求

① 电源电压不得超过36V。

② 灯体与手柄应坚固、绝缘良好并耐热耐潮湿。

③ 灯头与灯体结合牢固，灯头上无开关。

④ 灯泡外面有金属保护网。

⑤ 金属网、反光罩、悬挂吊钩固定在灯罩的绝缘部位上。

（4）照明线路

施工现场照明线路的引出处，一般从总配电箱处单独设置照明配电箱。为了保证三相平衡，照明干线应采用三相线与工作零线同时引出的方式。也可以根据当地供电部门的要求和工地具体情况，照明线路从配电箱内引出，但必须装设照明分路开关，并注意各分配电箱引出的单相照明应分相接设，尽量做到三相平衡。照明系统中的每一单相回路规定灯具和插座数量不宜超过25个，并应装设熔断电流为15A及15A以下的熔断器保护。

（5）室外照明装置

① 照明灯具的金属外壳必须作保护接零。单相回路的照明开关箱（板）内必须装设漏电保护器。

② 室外灯具距地面不得低于 3m，钠、铊、铟等金属卤化物灯具的安装高度应在离地面 5m 以上；灯线应固定在接线柱上，不得靠灯具表面；灯具内接线必须牢固。路灯的每个灯具应单独装设熔断器保护。灯头线应做防水弯投光灯的底座应安装牢固，按需要的光轴方向将枢轴拧紧固定。施工现场夜间影响飞机或车辆通行的在建工程设备（塔式起重机等高突设备），必须安装醒目的红色信号灯，其电源线应设在电源总开关的前侧。这主要是为了保护夜间不因工地其他停电而使红灯熄灭。

2）室内照明

（1）室内灯具装设不得低于 2.4m。

（2）室内螺口灯头的接线：相线接在与中心触头相连的一端，零线接在与螺纹口相连接的一端；灯头的绝缘外壳不得有破损和漏电。

（3）在室内的水磨石、抹灰现场、食堂、浴室等潮湿场所的灯头及吊盒应使用瓷质防水型，并应配置瓷质防水拉线开关。

（4）任何电器、灯具的相线必须经开关控制，不得将相线直接引入灯具、电器内。

（5）在用易燃材料作顶棚的临时工棚或防护棚内安装照明灯具时，灯具应有阻燃底座，或加阻燃垫，并使灯具与可燃顶棚保持一定距离，防止引起火灾。油库、油漆仓库除通风良好外，其灯具必须为防爆型，拉线开关应安装于库门外。

（6）工地上使用的单相 220V 生活用电器，如食堂内的鼓风机、电风扇、电冰箱，应使用专用漏电保护器控制，并设有专用保护零线。电源线应采用三芯的橡皮电缆线。固定式应穿管保护，管子要固定。临时宿舍内照明宜采用 36V 安全电压照明器，禁止私拉、挂接电炊具或违章使用电炉。

1.5 明火作业及电气焊施工

1.5.1 概述

1. 明火作业

明火作业指能直接或间接产生明火的工艺设置以外的非常规作业，如使用电焊、气焊（割）、喷灯、电钻、砂轮等进行可能产生火焰、火花和炽热表面的非常规作业。在建设工程施工现场常见的明火作业还包括：使用火炉、液化气炉、电炉、碳弧气刨等明火工具；热处理和应力消除；烧、烤、煨管线、熬沥青、炒砂子等作业；打磨、喷砂、锤击等可能产生火花的作业；使用雷管、炸药等进行爆破作业；在易燃易爆区使用非防爆的通信和电气设备、机动车等交通工具等。

2. 明火作业的危害

明火作业可能引起的危害有：火灾和爆炸、触电、有害气体和烟尘、紫外线和红外线辐射、中暑、化学反应、坠落、机械伤害、噪声等。会造成人员伤害、财产损失、工作中断、环境污染、企业品牌形象损失等。

3. 动火作业的分级

动火作业分级一般可以分为三级：

一级动火作业：在生产运行状态下易燃易爆、有毒介质的生产装置、管道、储罐、容器等部位上及其他特殊危险的动火作业；在未拆除易燃填料的塔内、凉水塔内动火作业；节假日期间进行的二级动火作业应升为一级动火作业。

二级动火作业：在易燃易爆、有毒场所进行的动火作业，为二级动火作业。

三级动火作业：除一级和二级以外的动火作业为三级动火作业。

4. 实施动火作业的流程

1）防火重点部位或场所以及禁止明火区如需动火工作时，必须执行动火作业许可证（动火工作票）制度。动火作业许可证是现场动火的依据，只限在指定的地点和时间范围内使用，且不得涂改、代签。动火作业许可证一般包括作业单位、作业区域所在单位、作业地点、动火等级、作业内容、作业时间、作业人员、作业监护人、属地监督、危害识别、气体检测、安全措施，以及批准、延期、取消、关闭等基本信息。

2）实施动火作业的流程主要包括作业申请、作业审批、作业实施和作业关闭四个环节。

作业申请由作业单位的现场作业负责人提出，作业单位参加作业区域所在单位组织的危险源分析，根据提出的危险源管控要求制定并落实安全措施。

作业审批由作业批准人组织作业申请人等有关人员进行书面审查和现场核查，确认合格后，批准动火作业。

作业实施由作业人员按照动火作业许可证的要求，实施动火作业，监护人员按规定实施现场监护。

作业关闭是在动火作业结束后，由作业人员清理并恢复作业现场，作业申请人和作业批准人在现场验收合格后，签字关闭动火作业许可证。

从事明火作业的人员（作业申请人、作业批准人、作业监护人、属地监督、作业人员）必须经过相应培训并得到授权，具备相应能力。

动火作业许可证办理后，动火作业负责人要按照动火作业方案和动火安全措施以及动火证中的要求，对动火现场安全措施的落实情况以及所用工具的完好情况进行逐一检查、核实，并与参加作业的人员交代作业方案和安全注意事项，确认无误后方可下达动火指令。对于措施落实不到位的或不符合要求的，动火作业负责人有权拒绝动火作业。

动火作业区域应当设置灭火器材和警戒，严禁与动火作业无关人员或车辆进入作业区域。必要时，作业现场应当配备消防车及医疗救护设备和设施。

5. 固定动火点（多用于石化专业）

为了方便施工，可根据建设单位的火灾危险程度和生产、维修、建设等工作的需要，经使用单位提出申请，企业的消防安全部门登记审批，划定出固定的动火区和禁火区。例如可将经常在固定场所进行电、气焊（割）等作业的部位、区域申报列为固定动火点。固定动火点须符合建设单位相关管理规定，并经建设单位安全部门确认批准。固定动火点可不办理动火作业许可证，但必须落实防火措施。固定动火点应符合以下要求：

1）固定动火区域应设置在易燃易爆区域全年最小频率内的上风方向或侧风方向；边界外 50m 范围内不存在易燃易爆物品；距易燃易爆的厂房、库房、罐区、设备、装置、阴井、排水沟、水封井等不应小于 30m，并应符合有关规范规定的防火间距要求；室内固定动火区应用实体防火墙与其他部分隔开，门窗向外开，道路要畅通；生产正常放空或发生事故时，能保证可燃气体不会扩散到固定动火区，在任何气象条件下，动火区域内可燃气体、蒸汽的浓度都必须小于爆炸下限的 20%；

2）制定固定动火区域管理制度，指定安全负责人；

3）配备足够的消防器材；

4）设有明显的固定动火区域标志，并标明动火区域界限；

5）建立应急联络方式和应急措施；

6）固定动火区域主管部门定期对其管理情况进行检查；

7）各类动火区、禁火区均应在区域地图上标示清楚。

6. 安全动火作业的基本原则

1）各类动火应严格执行安全消防相关技术要求，做到"三不动火"和"十不焊割"。

"三不动火"即：

（1）没有批准的动火许可证不动火；

（2）安全监护人不在作业现场不动火；

（3）防火措施不落实不动火。

"十不焊割"即在以下情况下不准进行电气焊割作业：

（1）操作人员必须持证上岗，无特种作业安全操作证的人员，不准进行焊、割作业。

（2）凡属一、二、三级动火范围的焊、割作业，未经办理动火审批手续不准进行焊、割作业。

（3）操作人员不了解焊、割现场周围情况，不得进行焊、割作业。

（4）操作人员不了解焊件内部是否安全时，不得进行焊、割作业。

（5）各种盛装过可燃气体、易燃液体和有毒物质的容器、管道，未经彻底清洗、通风等处理，或未排除危险之前，不准进行焊、割作业。

（6）用可燃材料作保温层、冷却层、隔声、隔热设备的部位，或火星能飞溅的地方，在未采取切实可靠的安全措施之前，不准焊、割作业。

（7）有压力或密闭的管道、容器，不准焊、割作业。

（8）焊、割部位附近有易燃易爆物品，在未作清理或未采取有效的安全措施前，不准焊、割作业。

（9）附近有与明火作业相抵触的工种在作业时，不准焊、割作业。

（10）与外单位相连的部位，在没有弄清有无险情，或明知存在危险而未采取有效的措施之前，不准焊、割作业。

2）在危险性较大的场所，凡是可动火可不动火的一律不动；凡能拆下来的一律拆下来，移到安全区域动火。

3）凡在储存、输送可燃物料的设备、容器、管道上动火，应首先切断物料来源，加好盲板、关闭阀门，经彻底吹扫、清洗、置换后打开人孔，通风换气，并经分析合格后，才可动火。

4）动火审批人必须亲临现场，落实防火措施后，方可签动火许可证。一张动火许可证只限当日一处作业地点有效，不得涂改。

5）动火操作人和安全监护人在接到动火许可证后，应逐项检查防火措施落实情况，防火措施不落实或监护人不在场，操作人有权拒绝动火。

6）生产设备（装置）进行大、中修时，因动火工作量大，对于易燃易爆等危险物质都应彻底清除，按规定进行处置并管道加盲板隔离。

7）冬期施工采用电热法或红外线蓄热法施工时，要注意选用非燃烧材料保温，并清除易燃物。冬期施工室内取暖及建筑物室内保温用的炉火，都要经消防人员检查，办理用火手续，发现无用火证的火炉要立即熄灭，并追究责任。

8）使用电气设备和化学危险品，必须遵守技术规范和操作规程，严格防火措施，确保施工安全，禁止违章作业。

9）动火作业场所一律禁止吸烟。

7. 动火作业安全措施

1）上岗前必须将所施工区域周围的易燃易爆危险物品清理干净；

2）检查动火区域周围是否配置有足够的灭火装置；

3）施工过程中动火人不能离开岗位，特殊情况下需离开的，必须将动火装置置于安全状态；

4）动火过程中动火监护人必须监护在动火现场；清除动火地点周围可燃物资或采取有效的隔离方法，遮盖隔离物应采用阻燃材料，严禁用塑料薄膜及塑料、编织布、泡沫衬垫等易燃物遮盖隔离。高空动火作业点下方，火星所及的范围内应彻底清除易燃易爆物品；

5）检查焊、割设备是否完好，必须规范放置设备、设施，严禁乙炔瓶横卧、氧气和乙炔同放一处，并按安全操作规程进行操作；

6）在有易燃易爆、可燃气体（粉尘）、带电、压力式密封（储罐）容器、涂刷过油漆的物体及场所进行焊、割明火作业时，除对周边进行清理外，还必须经相关专业人员现场认可，确认安全后才能动火；

7）盛装过可燃气体、液体和有毒物质的各种容器，必须彻底清洗、置换，确认安全后才能动火作业；易燃易爆石化设备切割前，通常需要隔离、清洗、置换、检测残留等环节后才能进行切割作业，最为关键、最为复杂的是清洗置换环节，利用空气、惰性气体（氮气、氩气等）、水蒸气、水等经过充分的吹扫、清洗、置换，然后经过专用仪器检测，残留值低于要求时，再进行切割作业；

8）作业人员在不了解焊、割物体内部是否安全、是否对相邻部位有影响或存在危险因素，在未采取有效安全预防措施时禁止焊、割明火作业；

9）动火人必须持有特殊工种上岗操作证和动火证，并确认安全后才能作业，未经安全管理部门批准不得擅自更换动火人和监护人；进行作业前，应由施工员或班组长向操作、看火人员进行安全技术交底；

10）经专职消防人员现场安全确认，且由用火单位派有专人在场监护，并准备好相应的灭火器材的情况下，方能在规定的动火范围和限定的时间内动火作业；

11）动火结束后，应对动火现场进行安全检查，确认无安全隐患后方可离开作业现场。

1.5.2 电气焊设备及施工人员

1. 常见焊接方法及设备

焊接也称作熔接、镕接，是一种以加热、高温或者高压的方式接合金属或其他热塑性材料如塑料的制造工艺及技术。施工现场常见的焊接方法有手工电弧焊、气焊，另外还有钨极氩弧焊、熔化极气体保护电弧焊、埋弧焊、药芯焊丝电弧焊、自动焊等焊接方法。

1) 手工电弧焊

手工电弧焊也叫焊条电弧焊，是利用手工操纵焊条进行焊接的电弧焊方法（见图1-3）。它利用焊条与焊件之间建立起来的稳定燃烧的电弧，使焊条和焊件熔化，从而获得牢固的焊接接头。手工电弧焊以焊条和焊件作为两个电极，被焊金属称为焊件或母材。焊接时因电弧的高温和吹力作用使焊件局部熔化。在被焊金属上形成一个椭圆形充满液体金属的凹坑（称为熔池），随着焊条的移动熔池冷却凝固后形成焊缝。焊缝表面覆盖的一层渣壳称为熔渣。

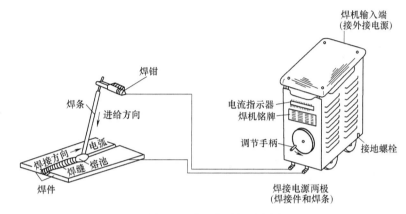

图1-3　手工电弧焊示意图

手工电弧焊的主要设备有弧焊机，按其供给的焊接电流种类的不同可分为交流弧焊机和直流弧焊机两类。

手工电弧焊常用的工具有：

（1）电焊钳，又称焊把，是用以夹持焊条、传导电流的工具。

（2）面罩和护目镜，是防止焊接飞溅、弧光及高温对焊工面部及颈部灼伤的一种工具。面罩一般分为手持式和头盔式两种。护目镜按亮度的深浅不同分为多个型号，号数越大，色泽越深。

（3）电焊条保温筒，焊条从烘箱内取出后，应贮存在焊条保温筒内，在施工现逐根取出使用。使用低氢型焊条焊接重要结构时，焊条必须先进烘箱焙烘，烘干温度和保温时间因材料和季节而异。

（4）焊缝接头尺寸检测器，用以测量坡口角度、间隙、错边以及余高、缝宽、角焊缝厚度等尺寸。由直尺、探尺和角度规组成。

（5）敲渣锤，用来清除焊渣的一种尖锤，可以提高清渣效率。

（6）钢丝刷，用来清除工件表面的铁锈、油污等氧化物。

2) 气焊

气焊是利用可燃气体与助燃气体混合燃烧生成的火焰为热源，熔化焊件和焊接材料使之达到原子间结合的一种焊接方法。见图1-4。

助燃气体主要为氧气，可燃气体主要采用乙炔、液化石油气等。所使用的焊接材料主要包括可燃气体、助燃气体、焊丝、气焊熔剂等。

气焊设备主要包括氧气瓶、乙炔瓶（或液化石油气瓶）、减压器、焊枪、胶管等。由

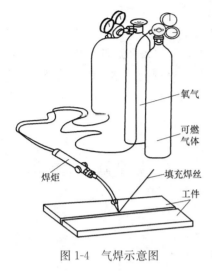

图 1-4 气焊示意图

于所用储存气体的气瓶为压力容器、气体为易燃易爆气体，所以该方法是所有焊接方法中危险性最高的方法之一。

2. 电气焊作业的危害因素

电气焊工在工作时要与电、易燃易爆气体、易燃液体、承压设备等接触，工作过程中还会产生有害气体、粉尘、弧光辐射、高温等，如果不遵守安全操作规程，会直接危害人身安全。

电气焊作业的危害因素主要包括：燃烧和爆炸、触电、电弧辐射、高温、焊接烟尘、有害气体、放射性物质、噪声、高频电磁场等。

施工人员在电气焊割时需注意的事项主要有：防止飞溅金属造成灼伤和火灾；避免发生触电事故；防止电弧光辐射对人体的危害；防止某些有害气体中毒；在焊接承压设备和管道时，要防止发生爆炸；高处作业时防止发生坠落；交叉作业时防止发生物体打击；接触高温焊件造成烫伤等。

3. 电气焊施工作业基本要求

1）电气焊施工作业人员属特种作业人员，必须经过专业培训和安全教育，掌握操作技能和有关安全知识，并经过考试合格，取得特种作业操作证，持证上岗。

2）严格遵守各项安全操作规程和劳动纪律。现场禁止吸烟，严禁酒后作业，严禁追逐打闹。

3）作业人员必须穿戴好个人防护用品，使用头罩或手持面罩，穿干燥工作服、绝缘鞋及其他劳动防护用品。要求上衣不准扎在裤子里，裤脚不准塞在鞋（靴）里，手套套在袖口外。女工发辫应包藏在帽内，不准围围巾、穿高跟鞋、裙子及其他有碍工作的衣物。

4）进入施工现场必须戴好安全帽，系紧下颚带，高处作业必须系好合格的防火安全带。

5）进入作业地点后，熟悉作业环境，检查设备及各项安全防护设施。若发现不安全因素、隐患，必须及时处理或向有关部门汇报，确认安全后再进行施工作业。对施工过程中发现危及人身安全的隐患，应立即停止作业，及时要求有关部门处理解决。现场所有安全防护设施和安全标志，严禁私自移动和拆除，如需暂时移动和拆除的须请示有关负责人批准后，在确保作业人员及其他人员安全的前提下才能拆移，并在工作完毕（包括中途休息）后立即复原。

6）雨雪天气、六级以上大风天气不得露天作业，雨雪过后应消除积水、积雪后方可作业。

7）严禁借用金属管道、金属脚手架、轨道、结构钢筋等金属物代替导线。

8）焊接电缆横过通道时必须采取穿管、埋入地下或架空等保护措施。

9）作业时如遇到以下情况必须切断电源：（1）改变电焊机接头时；（2）更换焊件需要改接二次回路时；（3）转移工作地点搬运焊机时；（4）焊机发生故障需要进行检修时；（5）更换保险装置时；（6）工作完毕或临时离开操作现场时。

10）高处作业时：（1）必须使用标准的防火安全带并系在可靠的构件上；（2）高处作业时必须在作业点下方5m处设护栏专人监护，清除易燃易爆物品并设置接火盘；（3）线缆应用电绝缘材料捆绑在固定处；（4）严禁绕在身上、搭在背上或踩在脚下作业；（5）焊钳不得夹在腋下，更换焊条不要赤手操作。

11）焊工必须站在稳定的操作台上作业，焊机必须放置平稳、牢固，设有良好的接零（接地）保护。

12）在狭小空间或金属容器内作业时，必须穿绝缘鞋，脚下垫绝缘垫，作业时间不能过长，应俩人轮流作业，一人作业一人监护，监护人随时注意操作人员的安全操作是否正确等情况，一旦发现危险情况应立即切断电源，进行抢救。身体出汗，衣服潮湿时，严禁将身体靠在金属及工件上，以防触电。

13）电焊机等电气设备必须有良好的接零（接地）保护。

14）严禁在起吊部件的过程中，边吊边焊。

4. 电焊作业时的安全要求

1）电焊机安全使用注意事项

（1）电焊机进场应经有关部门组织进行检查验收并记录存在问题及改正结果，确认合格。焊机安装前应进行检查：

①检查外观是否完好，各转动部件是否正常，各连接部位是否牢固；

②检测绝缘电阻：摇测一次线圈对二次线圈的绝缘电阻值、一次线圈对金属外壳的绝缘电阻值、二次线圈对金属外壳的绝缘电阻值，分别符合相关标准要求；

③检查电流调节开关是否完好、灵活可靠。

（2）电焊机必须使用容量符合焊接要求的单独控制箱，控制装置应可靠，控制箱内安装防触电装置。电焊机一般容量较大，应采用自动开关，不应采用手动开关，防止发生事故。多台电焊机安装时，应接在三相网路上，使三相负载平衡。

（3）控制箱保护零线端子板、焊机金属外壳与保护零线可靠连接。注意一次二次线不可接错，输入电压必须符合电焊机的铭牌规定。

（4）电焊机一二次侧防护罩齐全，电源线压接牢固并包扎完好无明露带电体。电焊机应尽量靠近开关箱，电焊机的一次线一般不超过5m，不得拖地或跨越通道使用。电焊机的二次线应采用防水橡皮护套铜芯软电缆，电缆长度一般不应超过30m，导线完好无破损，最好不要有接头，实在无法避免应采用压接方式，并有可靠的绝缘防护层，不能接近易燃物。把线与焊机采用铜质接线端子，不得采用金属构件、金属管道、轨道或结构钢筋代替二次线的地线。一、二次线的线径应满足负荷要求，不得采用铝芯导线。

（5）焊机使用场所清洁，无严重粉尘，周围无易燃易爆物。焊机应该摆放在防雨、干燥和通风良好，远离易燃易爆物品和便于操作的位置，野外作业时，焊机尽量设置在地势较高平整的地方并有防雨措施，应装专用的防雨、防砸罩。

（6）搬运时必须切断电源，将电焊机电源线从控制开关下口拆除后再搬运。

（7）搬运过程中注意人身及设备安全，防止碰撞。到达使用地点检查确认完好。

（8）作业完毕拉闸、断电、关闭开关箱。

（9）电焊机要专人保管、维修，不用时切断电源，将导线盘放整齐，安放在干燥地带，不能放置露天淋雨，防止温升、受潮。

2）焊机的一次接线、修理和检查由电工进行，焊工不可私自拆修。二次接线由焊工连接，接线要牢靠。二次电缆不宜过长，一般应根据工作时的具体情况而定，焊工不得擅自接长二次线。焊接电缆必须有完整的绝缘，不可将电缆放在焊接电弧的附近或炽热的焊缝金属上，避免烧坏绝缘层；同时也要避免碰撞磨损，如有破损应立即修理或调换。

3）推拉电源开关时，应戴好干燥的皮手套，面部不要对着刀闸，以免发生电弧伤人。

4）焊钳应有可靠的绝缘，中断工作时，焊钳要放在安全的地方，防止短路烧坏焊机。

5）二次侧的空载电压高于安全电压，要求电焊工戴帆布手套、穿胶底鞋，工作服、手套、绝缘鞋应保持干燥，防止发生触电事故。

6）在容器等狭小场所焊接时，应使用胶皮绝缘防护用具，须两人轮换操作，其中一人留守在外面监护，在附近安设一个电源开关，发生意外时，立即切断电源便于急救。

7）在雨天不得进行露天施焊。在潮湿的地方工作时，应用干燥的木板或橡胶片等绝缘物作垫板。

8）在光线暗的地方、容器内操作或夜间工作时，使用的照明灯电压不大于12V。

9）更换焊条时，不仅应戴好手套，而且应避免身体与焊件或其他导电物件接触。

10）电焊机未切断电源以前，切不可触碰带电部分。工作完毕或临时离开工作场所时，必须切断电源。

11）清除焊件的杂物和清除焊渣时，须戴好防护眼镜，以防伤害眼镜，作业时必须穿戴安全防护用具。

12）高处作业时，焊接电缆不准放在电焊机上，横跨道路的焊接电缆必须装在铁管内，以防止被压破漏电。事先检查周围有无易燃易爆物品。操作者必须系好安全带。

13）严禁将焊接电缆与气焊的胶管混在一起。

14）焊接中如遇突然停电，应立即关好电焊机。

15）焊接有色金属件时，应加强通风排毒，必要时使用过滤式防毒面具。

16）工作完毕，先关闭电焊机，再断开电源。

17）焊工要熟悉和掌握有关电的基本知识，预防触电及触电后急救方法等知识，严格遵守有关部门规定的安全措施，防止触电事故发生。遇到焊工触电时，切不可用赤手去拉触电者，应迅速将电源切断。如触电者呈现昏迷状态，要立即施行人工呼吸，直至送到医院为止。

5. 气焊、气割作业时的安全要求

1）氧气瓶、乙炔瓶安全使用注意事项：

（1）氧气瓶和乙炔瓶应有妥善堆放地点，周围不准明火作业、有火苗和吸烟，更不能让电焊导线或其带电导线在气瓶上通过。要避免频繁移动。禁止易燃气体与助燃气体混放，不可与铜、银、汞及其制品接触。高处作业时，氧气瓶、乙炔瓶不得放在作业区域下方，应与作业点正下方保持10m以上的距离。储存间必须设专人管理，应在醒目的地方设安全标志；氧气瓶与其他易燃气瓶、油脂、易燃易爆分别存放，氧气瓶库应与高温、明火保持10m以上距离；

（2）储存高压氧气瓶时应拧紧瓶帽，放置整齐，留有通道，并固定；

（3）气瓶应设有防震圈和安全帽。搬运和使用时严禁撞击。运输时应立放并固定。严禁用自行车、叉车或起重设备调运高压气瓶；

（4）氧气阀不得粘有油脂、灰土，不得用带油脂的工具、手套或工作服接触氧气瓶；

（5）氧气瓶禁止在强烈日光下暴晒，夏天露天作业应搭设防晒罩、棚；

（6）氧气瓶与焊炬、割炬及其他明火的距离应大于10m，与乙炔瓶的距离不小于5m；

（7）现场乙炔瓶存量不得超过5瓶，5瓶以上应放在储存间单独存放，储存间与明火的距离不小于15m，并应通风良好，设有降温设施，消防设施和通道，避免阳光直射；

（8）储存乙炔瓶时，乙炔瓶应直立，并必须采取防止倾斜的措施。严禁与氯气、氧气瓶及其他易燃易爆物同间储存；

（9）应用专用小车运送乙炔瓶。装卸时动作应轻，不得抛滑、滚碰。严禁剧烈振动和撞击，汽车运输时乙炔瓶应妥善固定；

（10）乙炔瓶使用时必须直立放置，与热源的距离不得小于10m，乙炔表面不得超过40℃。

2）作业前清除作业区及下方易燃物，配备灭火器材，停止作业时应切断气源，确认无着火危险后方可离开。焊（割）炬使用完后，不得放在可燃物上。

3）禁止将橡胶软管背在背上工作；禁止蹲坐在气瓶上作业。

4）作业后应将氧气、乙炔瓶的减压器卸下，拧上气瓶安全帽。

5）禁止在乙炔瓶上放置物件、工具或缠绕悬挂橡皮管及割焊炬。

6）在未采取特殊的安全措施并未经过审批的情况下严禁焊、割装有易燃、易爆物的容器及受力构件。

7）气焊（割）作业时，不能使用泄露、磨损及老化的软管及接头。

8）发现减压阀软管、流量计冻结时，禁止用火烤或用工具敲击冻块，更不允许用氧气去吹乙炔管道。氧气阀或管道要用40℃的温水溶化；回火防止器及管道可用热沙、蒸气加热解冻。

9）橡皮管要专用，乙炔管和氧气管分别为红色和蓝色，不能对调使用。

10）使用焊、割炬前，必须检查射吸情况，射吸不正常时，必须修理正常后方可使用。

11）焊（割）炬点火前应检查各连接处和气阀的严密性，不得漏气，整个系统不得漏气、堵塞，软管不得泄露、磨损和老化，发现问题修好后再用。

12）每个氧气和乙炔减压器上只许接一把割具，焊割前应检查瓶阀及管路接头处液管有无漏气，焊嘴和割嘴是否堵塞，气路是否畅通，一切正常才能点火操作。点燃焊割具应先开适量乙炔后开少量氧气，用专用打火机点燃，禁止烟蒂点火，防止烧伤。

13）每个回火防止器只允许接一个焊具或割具，在焊割过程中遇到回火应立即关闭焊割具上的乙炔调节阀门，再关氧气调节阀门，稍后再打开氧气阀吹掉余温。焊（割）嘴不得过分受热，温度过高时应放入水中冷却。焊（割）炬及气体通路不得沾有油脂。

14）使用中严禁用尽瓶中剩余余气，压力要留有一定的余压。

15）工作后严格检查和清除一切火种，关闭所有气瓶阀门，切断电源。

1.5.3 重点部位明火作业

重点部位明火作业一般包括有限空间内明火作业、高处明火作业等。

1. 有限空间内明火作业

"有限空间"是指生产区域内炉、塔、釜、罐、仓、槽车、管道、烟道、隧道、下水

51

道、沟、坑、井、池、涵洞等封闭、半封闭的设施及场所。

进入有限空间作业前，应针对作业内容，对有限空间进行危害识别，制定相应的作业程序及安全措施。

1）施工单位现场安全负责人应对现场监护人和作业人进行必要的安全教育，内容应包括所从事作业的安全知识、紧急情况下的处理和救护方法等。

2）应制定安全应急预案，内容包括作业人员紧急状况时的逃生路线和救护方法，现场应配备的救生设施和灭火器材等。现场人员应熟知应急预案的内容。在设备外的现场应配备一定数量符合规定的应急救护器具和灭火器材。设备的出入口内外不得有障碍物，保证其畅通无阻，便于人员出入和抢救疏散。为防止人员误入，可在受限空间的入口处设置警告牌。

3）为保证有限空间内空气流通和人员呼吸需要，可采用自然通风，必要时采取强制通风方法，但严禁向内充氧气。进入有限空间内的作业人员每次工作时间不宜过长，应安排轮换作业或休息。

4）在进入有限空间作业前，应切实做好工艺处理，与其相连的管线、阀门应加盲板断开。不得以关闭阀门代替安装盲板，盲板处应挂牌标示。

5）带有搅拌器等转动部件的设备，应在停机后切断电源，摘除保险或挂接地线，并在开关上挂"有人工作、严禁合闸"警示牌，必要时派专人监护。

6）进入有限空间作业应使用安全电压和安全行灯。进入金属容器（炉、塔、釜、罐等）和特别潮湿、工作场地狭窄的非金属容器内作业照明电压≤12V；当需使用电动工具或照明电压＞12V时，应按规定安装漏电保护器，其接线箱（板）严禁带入容器内使用。当作业环境原来盛装爆炸性液体、气体等介质的，则应使用防爆电筒或电压≤12V的防爆安全行灯，行灯变压器不应放在容器内或容器上；作业人员应穿戴防静电服装，使用防爆工具。

7）进入有限空间作业内工作前，必须先检查其内是否积聚有可燃、有毒等气体，如有异常，应认真排除，在确认可靠后，方可进入工作。取样分析应有代表性、全面性。设备容积较大时应对上、中、下各部位取样分析，应保证设备内部任何部位的可燃气体浓度和氧含量合格（当可燃气体爆炸下限大于4%时，其被测浓度不大于0.5%为合格；爆炸下限小于4%时，其被测浓度不大于0.2%为合格；氧含量19.5%～23.5%为合格），有毒有害物质不超过国家规定的"车间空气中有毒物质最高容许浓度"的指标（分析结果报出后，样品至少保留4h）。设备内温度宜在常温左右，作业期间应至少每隔4h取样复查一次，如有1项不合格，应立即停止作业。

8）对盛装过能产生自聚物的设备容器，作业前应进行工艺处理，采取蒸煮、置换等方法，并做聚合物加热等试验。

9）进入经水压试验后的金属容器前，应先检查空气门，确认无负压后方可打开人孔门。

10）进入有限空间作业，不得使用卷扬机、吊车等运送作业人员，作业人员所带的工具、材料须进行登记。作业结束后，进行全面检查，确认无误后，方可交验。

11）进入设备内作业的操作人员必须使用相应的防护眼镜、面罩、口罩、手套、防护服、绝缘鞋等，若在封闭或半封闭机构内工作时，还需佩戴使用送风面罩。在特殊情况下，作业人员可戴长管式面具、空气呼吸器等，但佩戴长管面具时，一定要仔细检查其气密性，同时防止通气长管被挤压，吸气口应置于新鲜空气的上风口，并有专人监护。

12）在金属容器内不得同时进行电焊、气焊或气割工作。

13）在金属容器及坑井内进行焊接与切割等明火工作，应采取必要的防护措施。严禁将漏气的焊炬、割炬和橡胶软管带入容器内；焊炬、割据不得在容器内点火。在工作间歇或工作完毕后，应及时将气焊、气割工具拉出容器。金属容器必须可靠接地等；行灯变压器严禁带入金属容器内。焊工所穿衣服、鞋、帽等必须干燥，脚下应垫绝缘垫。容器内工作时，应设通风装置，内部温度不得超过40℃。入口处应设专人监护并设焊机二次回路的切断开关。监护人应与内部工作人员保持联系，电焊工作中断时应及时切断焊接电源。在封闭式容器或坑井内工作时，工作人员应系安全绳，绳的一端交由容器外的监护人拉住。

14）手持电动工具必须有漏电保护开关，使用前须作试运行。电动工具之电线须完好无损，手持处1.5m内，不得有电线裸露、开叉。使用电源采用三相五线制。

15）如在作业期间发生异常变化，应立即停止作业，待处理并达到安全作业条件后，方可再进入设备作业。

16）作业监护人在作业人员进入有限空间作业前，负责对安全措施落实情况进行检查，发现安全措施不落实或安全措施不完善时，有权提出拒绝作业。作业监护人应清点出入受限空间作业人数，并与作业人员确定联络信号，在出入口处保持与作业人员的联系，严禁离岗。当发现异常情况时，应及时制止作业，并立即采取救护措施；出现有人中毒、窒息的紧急情况，抢救人员必须佩戴隔离式防护面具进入设备，并至少有一人在外部做联络工作。

2. 高处明火作业

1）高处明火作业人员应满足对高处作业人员的基本要求，即：

（1）凡患高血压、心脏病、贫血病、癫痫病、精神病以及其他不适于高处作业的人员，不得从事高处作业。

（2）应熟悉高处作业应知应会的知识，掌握操作技能。

2）施工单位现场安全负责人应对高空明火作业人员进行必要的安全教育，内容应包括所从事作业的安全知识、作业中可能遇到意外时的处理和救护方法等。

3）应制定应急预案，内容包括：作业人员紧急状况时的逃生路线和救护方法，现场应配备的救生设施和灭火器材等。现场人员应熟知应急预案的内容。

4）高处作业人员应使用标准的防火安全带，安全带应系挂在施工作业处上方的牢固构件上，不得系挂在有尖锐棱角的部位。安全带系挂点下方应有足够的净空。安全带应高挂（系）低用。劳动保护服装应符合高处作业的要求。操作人员必须手戴绝缘手套、戴防护镜，裤腿扎牢。

5）高处作业人员不得站在不牢固的结构物或油桶、木箱等易燃的物品上进行作业。脚手架的搭设必须符合国家有关规程和标准。高处作业应使用符合安全要求的吊笼、梯子、防护围栏、挡脚板和安全带等，跳板必须符合要求，两端必须捆绑牢固。供高处作业人员上下用的梯道、电梯、吊笼等应完好；高处作业人员上下时应有可靠安全措施作业前，应仔细检查所用的安全设施是否坚固、牢靠。夜间高处作业应有充足的照明。

6）高处作业严禁上下投掷工具、材料和杂物等，所用材料应堆放平稳，必要时应设安全警戒区，地面周围 10m 内为危险区，禁止在作业下方及危险区内存放可燃、易爆物品和停留人员。在工作过程应设有专人监护，作业现场必须备用消防器材。工具在使用时应系有安全绳，不用时应将工具放入工具套（袋）内。在同一坠落方向上，一般不得进行上下交叉作业，如需进行交叉作业，中间应设置安全防护层，坠落高度超过 24m 的交叉作业，应设双层防护。焊接作业不准与油漆、喷漆、脱漆、木工等易燃操作同时间、同部位上下交叉作业。

7）高处动火作业应采取防止火花飞溅的遮挡措施，所有交、直流电的金属外壳，都必须采取保护接地或接零，焊接的金属设备、结构本身要接地。电焊机接线规范，不得将裸露地线搭接在装置、设备的框架上。高空进行动火作业，其下部地面如有可燃物、空洞、窨井、地沟、水封等，应检查分析，并采取措施，以防火花溅落引起火灾爆炸事故。工作开始前应清除下方的易燃物，或采取可靠的隔离、防护措施，并设专人监护。可使用接火铁斗等，避免焊花坠落引起火灾和破坏其他物品。不得随身带着电焊导线或气焊软管登高或从高处跨越。电焊导线和气焊软管应在切断电源和气源后用绳索提吊。登高焊割时所使用的工具，焊条等物品应装在工具袋内，应防止操作时落下伤人，操作人员不得在高处向下抛掷材料、物件或焊条头，以免砸伤、烫伤地面人员。

8）在高处进行电焊工作时，宜设专人进行拉合闸和调节电流等工作。

9）在邻近地区设有排放有毒、有害气体及粉尘超出允许浓度的烟囱及设备的场合，严禁进行高处作业。如在允许浓度范围内，也应采取有效的防护措施。遇有不适宜高处作业的恶劣气象（如六级风以上、雷电、暴雨、大雾等）条件时，严禁露天高处作业。雨天过后应先清除施工部位的积水后方可施焊。在应急状态下，按应急预案执行。

10）焊接结束或离开操作现场时，必须切断电源、气源。赤热的焊嘴、焊钳以及焊条头等，禁止放在易燃、易爆物品和其他可燃物上。

1.5.4 特殊场所明火作业

特殊场所是指：生产、储存、使用易燃易爆、剧毒等危险化学品场所，以及可能形成爆炸、火灾场所的罐区、装卸台（站）、油库、仓库等；以及对关键装置安全生产起关键作用的公用工程系统等。关键装置是指在易燃、易爆、有毒、有害、易腐蚀、高温、高压、真空、深冷等条件下进行工艺操作的生产装置。易燃易爆场所：如油库、气站、危险品仓库、油漆等化学品储存及使用场所、液化气瓶储存室、变配电室、涂装及喷砂场所、相互禁忌作业可能引起火灾的区域等。

防火重点部位是指火灾危险性大、发生火灾损失大、伤亡大，以及对消防安全有重大影响的部位和场所。不同行业、单位、部门的消防安全重点部位都不尽相同，例如燃料油罐区、控制室、调度室、通信机房、资料库、档案室、锅炉燃油及制粉系统、汽轮机油系统、氢气系统及制氢站、变压器、电缆间及隧道、蓄电池室、配电室、易燃易爆物品和剧毒等危险化学品储存使用场所、消防控制室、人员集中的楼层厅室、逃生通道以及单位主管认定的其他部位和场所。

1. 特殊场所防火管理注意要点

1）特殊场所要加强消防措施，根据需要在醒目位置设置消防安全管理责任人、消防重点部位、禁止烟火等标志。

2）消防控制室、变配电室等处值班人员应持证上岗，并经常参加消防安全技能的培训；室内要配备火灾事故应急照明灯，灭火器材和能拨打 119 火警的报警电话。

3）可燃物品仓库（或资料库），库内物品应当分类存放。并划有警示标线：间距不小于 1m，行间距不小于 2m，与梁柱间距不小于 0.3m。库房内不得设置办公室和休息室。库内部不得使用碘钨灯和超过 60W 的白炽灯等高温照明灯具，灯具垂直下方与物品的水平距离不小于 0.5m。不得设置移动式照明灯具。

2. 特殊场所必须动火作业时的处理方法

可针对不同情况，采取对应的方法。

1）拆迁法

拆迁法就是把禁火区内需要动火的设备、管道及其附件，从主体上拆下来，迁往安全区，动火后，再装回原处。此种方法最安全，只要工件能拆得下来，应尽量运用。

2）隔离法

一种方法是将动火设备和运行设备作有效的隔离，例如管道上用盲板，加封头堵塞，拆掉一节管子等办法。另一种方法是捕集火花，隔离熔渣，将动火点和附近的可燃物隔离。例如用湿布、麻袋、石棉毯等不燃材料，将易燃物及其管道连接处遮盖起来，或用铁皮将焊工四面包围，隔离在内，防止火星飞出。如在建筑物或设备的上层动火，就要堵塞漏洞，上下隔绝，严防火星落入下层。在室外高处，则用耐火不燃挡板或水盘等，控制火花方向。

3）移去可燃物

凡是焊割火花可到达的地方，应该把可燃物全部搬开，包括木板、设备材料包装板包装塑料、保温材料等。笨重的或无法撤离的可燃物，则必须采取隔离措施。

4）清洗和置换

这两项都是消除设备内危险物质的措施，在任何检修作业前，都应执行。罐内作业的设备，经过清洗和置换之后，必须同时达到以下要求：

（1）其冲洗水溶液基本上呈中性；

（2）含氧量在 18%～21%；

（3）有毒气体浓度符合国家卫生标准。若在罐内需要进行动火作业，则其可燃气体浓度，必须达到动火的要求。

5）动火分析

经清洗或置换后的设备、管道在动火前，应进行检查和分析。一般宜采用化学和仪器分析法测定，其标准是：如爆炸下限大于 4%（体积）的，可燃气体或蒸汽的浓度应小于 0.5%；如爆炸下限小于 4% 的，则浓度应小于 0.2%。取样分析的时间不得早于动火作业开始前的半小时，而且要注意取样的代表性，做到分析数据准确可靠。连续作业满 2h 后宜再分析一次。

6）敞开和通风

需要动火的设备，凡有条件打开的锅盖、人孔、料孔等必须全部打开，在室内动火时，必须加强自然通风，严冬也要敞开门窗，必要时采用局部抽风。如在设备内部动火，通风更为重要。

7）准备消防器材和监护

在危险性较大的动火现场，必须有人监护，并准备好足够的、相应的灭火器材，以便随时扑灭初起火，有时还应派消防车到现场。

3. 特殊场所明火作业安全管理措施

1）建设单位负责在施工作业现场划出安全隔离作业区，施工单位根据作业内容和作业场所环境情况制定出安全有效的作业区隔离措施方案。施工单位进入生产设施、装置施工现场检修和维修作业，应严格执行建设单位的各项管理制度。

2）建设单位有关主管部门、安全监督管理部门负责审批施工单位制订的隔离方案，并督促施工单位落实各项隔离措施。建设单位和施工单位共同确认达到安全施工条件后，方可进行施工作业。

3）施工单位应制定应急预案，内容包括：作业人员紧急状况时的逃生路线和救护方法，现场应配备的救生设施和灭火器材等。施工单位现场安全负责人应对作业人进行必要的安全教育和消防安全技术措施交底，内容应包括所从事作业的安全知识、作业中可能遇到意外时的处理和救护方法等。现场人员应熟知应急预案的内容。通过合理安排工艺和施工程序，采取严格的防火措施。

4）凡与施工项目相关的工艺管线、下水井系统等，应采取有效的隔离措施。有毒有害及可燃介质的工艺管线必须加盲板进行隔离；通往下水系统的沟、井、漏斗等必须严密封堵；施工隔离区内凡与生产有关的工艺设备、阀门、管线等，均应有明显的禁动标志。盛过或装有易燃、可燃液体、气体及化学危险品的容器、管道等设备，在未彻底清洗干净前，不得进行焊接。在有可燃材料保温的部位，不准进行焊割作业。

5）凡在运行的装置区域内进行施工作业，而又无法实施区域隔离的，必须由建设单位和施工单位共同制定安全措施和施工方案，并逐条落实，检查确认达到安全施工条件后，方可进行施工作业。

6）如必须在不停产状态下进行施工作业，应制定可靠的安全措施并认真执行。

（1）建设单位应制定边生产、边施工作业的事故处理预案，并组织员工进行学习和演练。

（2）现场有施工作业时，不得就地排放易燃易爆、有毒有害介质。

（3）遇有异常情况，如紧急排放、泄漏、事故处理等，应立即停止一切施工作业，撤离人员并及时报警和报告处理。

7）施工现场管理措施

（1）施工机具和材料摆放整齐有序，不得堵塞消防通道和影响生产设施、装置人员的操作与巡回检查。

（2）严禁触动正在生产的管道、阀门、电线和设备等，严禁用生产设备、管道、构架及生产性构筑物做起重吊装锚点。

（3）施工临时用水、用风等，应办理有关手续，不得使用消火栓供水。

（4）高处动火作业应采取防止火花飞溅的遮挡措施，电焊机接线规范，不得将裸露地线搭接在装置、设备的框架上。

（5）施工废料应按规定地点分类堆放，严禁乱扔乱堆，应做到工完、料净、场地清。

8）在生产设施、装置等区域施工作业期间，建设单位应会同施工单位组织对施工作业现场进行安全检查，发现问题及时处理。

4. 设备、管道等维修、改造、拆除作业安全要点

对盛过易燃、可燃液体、气体及化学危险品的设备、油气管道等进行维修、改造、拆除作业时，特别需要注意以下事项：

1）需动火施工的设备、设施和与动火直接有关阀门的控制由生产单位安排专人操作，作业未完工前不得擅离岗位。

2）应清除距动火区域周围 5m 之内的可燃物质或用阻燃物品隔离。

3）动火施工区域应设置警戒，严禁与动火作业无关人员或车辆进入动火区域。

4）设备、管道打开：

（1）切断物料来源并加好盲板。对管道实施打开作业前应先确认管内压力降为零并排空设备、管道内介质。对输油站场进行管道打开动火作业前应排空与打开处相连管道内的油品。对输气站场进行管道打开动火作业前应放空与打开处相连管道内的天然气。

（2）对管道实施密闭开孔，应确认开孔设备压力等级满足管道设计压力等级要求。

（3）管道打开应采用机械或人工冷切割方式，不应采用明火对管道进行开孔、切割等打开作业。

5）置换与隔离：

（1）对设备及压力容器，应经彻底吹扫、清洗、置换后，打开人孔，通风换气，经检测气体分析合格后方可动火。如超过 1h 后，应对气体进行再次检测，合格后方可动火作业。

（2）对与动火部位相连的存有油气等易燃物的容器、管段，应进行可靠的隔离、封堵或拆除处理。

（3）在油气站库等易燃易爆危险区域内，对可拆下并能实施移动的设备、管线，宜移到规定的安全距离外实施动火。

（4）在对管道进行多处打开动火作业时，应对相连通的各个动火部位的动火作业进行隔离。不能进行隔离时，相连通的各个动火部位的动火作业不应同时进行。

（5）与动火部位相连的管道与容器设备压力有余压的，应采取对油气管道进行封堵隔离。

（6）与动火作业部位实施隔离的阀门应进行锁定管理。动火作业区域内的输油气设备、设施应由输油气站人员操作。

（7）必要时采用氮气或其他惰性气体对可燃气体进行置换。

（8）对可燃气体浓度和含氧量进行检测。需动火施工的部位及室内、沟坑内及周边的可燃气体浓度应低于爆炸下限值的 10%。动火前应采用至少两个检测仪器对可燃气体浓度进行检测和复检，动火开始时间距可燃气体浓度检测时间不宜超过 10min，但最长不应超过 30min。用于检测气体的检测仪应在校验有效期内，并在每次使用前与其他同类型检测仪进行比对检查，以确定其处于正常工作状态。在密闭空间动火，动火过程中应定时进行可燃气体浓度检测，但最长不应超过 2h。对于置换后的密闭空间和超过 1m 的作业坑内作业前应进行含氧量检测。

6）动火作业人员在动火点的上风作业，应位于避开油气流可能喷射和封堵物射出的方位。在特殊情况下，也可采取围隔作业并控制火花飞溅。

1.6 脚手架工程

1.6.1 概述

脚手架指施工现场为工人操作并解决垂直和水平运输而搭设的各种支架。是为保证高处作业安全、顺利进行施工而搭设的工作平台或作业通道。在结构施工、装饰装修施工和设备管道的安装过程中必不可少的空中作业工具之一，选择与使用的合适与否，不但影响施工作业能否顺利和安全地进行，而且也关系到工程质量、施工进度和企业经济效益的提高。

1. 脚手架主要形式

脚手架的种类很多，基本划分情况如下：

1）按搭设材料划分：有钢脚手架和木脚手架、竹脚手架。木脚手架，由木杆绑扎连接而成，采用杉木或松木作为主要杆件。竹脚手架，由竹竿绑扎连接而成，目前比较少用。钢脚手架由钢管用扣件连接而成的，目前常用。

2）按脚手架用途划分：有结构脚手架、装饰脚手架、修缮脚手脚、防护用脚手架和支撑脚手架。

(1) 结构脚手架：其架面施工荷载标准值规定为 $3kN/m^2$；

(2) 装饰脚手架：其架面施工荷载标准值规定为 $3kN/m^2$；

(3) 修缮脚手脚：架面荷载按实际使用值计；

(4) 防护用脚手架：架面施工（搭设）荷载标准值可按 $1kN/m^2$ 计；

(5) 支撑脚手架。架面荷载按实际使用值计；

3）按脚手架的搭设位置划分：有外脚手架和里脚手架。

(1) 外脚手架。凡搭设在建筑物外围的脚手架，统称为外脚手架，外脚手架分为：

① 落地脚手架：从地面搭起，建筑物有多高，它也要搭多高。这种脚手架对外墙砌筑、墙面质量控制有着很大作用，但需要大量脚手架材料，搭设费工费时。建筑物越高，脚手架的稳定性越差，所以以高层建筑的落地脚手架要采取相应的稳固措施。

② 挂脚手架：挂靠在墙上或柱上的脚手架，随工程的进展上下移挂。

③ 吊脚手架：从屋面或楼板上悬吊下来，利用起重机具逐步提升或下降。

④ 挑脚手架：从墙上向外挑出，其挑支方式有以下：架设于专用悬挑梁上；架设于专用悬挑三角桁架上；架设于由撑拉杆件组合的支挑结构上。其支挑结构有斜撑式、斜拉式、拉撑式和顶固式等多种。

⑤ 爬架：附着于工程结构，依靠自身提升设备实现升降的悬空脚手架。

⑥ 水平移动脚手架：带行走装置的脚手架或操作平台架。

(2) 内脚手架。凡搭设在建筑内部的脚手架，统称为内脚手架。内脚手架设在楼层内，可以随楼层建高而搬移。工人在室内操作安全可靠，脚手架的构造也比较简单，用料少，轻便，能多次重复使用。

4）按脚手架的结构形式划分：有立杆式、碗扣式、门型、吊式、挂式、挑式以及和其他各种框式构件组装的鹰架。

5）按脚手架的设置形式划分：有单排脚手架、双排脚手架、多排脚手架、满堂脚手架、满高脚手架、交圈（周边）脚手架和特形脚手架。

（1）单排脚手架：只有一排立杆的脚手架，其横向平杆的另一端搁置在墙体结构上。

（2）双排脚手架：具有两排立杆的脚手架。

（3）多排脚手架：具有3排以上立杆的脚手架。

（4）满堂脚手架：按施工作业范围满设的、两个方向各有3排以上立杆的脚手架。

（5）满高脚手架：按墙体或施工作业最大高度、由地面起满高度设置的脚手架。

（6）交圈（周边）脚手架：沿建筑物或作业范围周边设置并相互交圈连接的脚手架。

（7）特形脚手架：具有特殊平面和空间造型的脚手架，如用于烟囱、水塔、冷却塔以及其他平面为圆形、环形、外方内圆形、多边形和上扩、上缩等特殊形式的建筑施工脚手架。

6）按照支承部位和支承方式划分：

（1）落地式：搭设（支座）在地面、楼面、屋面或其他平台结构之上的脚手架。

（2）悬挑式：采用悬挑方式支固的脚手架，其挑支方式又有以下3种：架设于专用悬挑梁上；架设于专用悬挑三角桁架上；架设于由撑拉杆件组合的支挑结构上。其支挑结构有斜撑式斜拉式拉撑式和顶固式等多种。

（3）附墙悬挂脚手架：在上部或中部挂于墙体挑挂件上的定型脚手架。

（4）悬吊脚手架：悬吊于悬挑梁或工程结构之下的脚手架。

（5）附着升降脚手架（简称"爬架"）：附着于工程结构依靠自身提升设备实现升降的悬空脚手架。

（6）水平移动脚手架：带行走装置的脚手架或操作平台架。

7）按脚手架的平、立杆连接方式分：承插式脚手架、扣接式脚手架、销栓式脚手架。

（1）承插式脚手架。在横杆与立杆之间采用承插连接的脚手架。常见的承插连接方式有插片和楔槽、插片和楔盘、插片和碗扣、套管与插头以及U形托挂等。

（2）扣接式脚手架。使用扣件箍紧连接的脚手架，即靠拧紧扣件螺栓所产生的摩擦作用构架和承载的脚手架。

（3）销栓式脚手架。采用对穿螺栓或销杆连接的脚手架，此种型式已很少使用。

8）按使用对象和场合划分：高层建筑脚手架、烟囱脚手架、水塔脚手架。

2. 脚手架选用的特点

不同类型的工程施工选用不同用途的脚手架和模板支架。桥梁支撑架使用碗扣脚手架的居多，也有使用门式脚手架的。主体结构施工落地脚手架使用扣件脚手架的居多，脚手架立杆的纵距一般为1.2~1.8m；横距一般为0.9~1.5m。

脚手架有以下特点：

1）所受荷载变异性较大；

2）扣件连接节点属于半刚性；

3）脚手架结构、构件存在初始缺陷，如杆件的初弯曲、锈蚀，搭设尺寸误差、受荷偏心等均较大；

4）与墙的连接点，对脚手架的约束性变异较大。

3. 脚手架搭设基本要求

1）一般要求

（1）脚手架地基应平整夯实。

（2）脚手架的钢立柱不能直接立于地面上，应加设底座和垫板（木），垫板（木）厚度不小于 50mm。

（3）遇有坑槽时，立杆应下到槽底或在槽上加设底梁（一般可用枕木或型钢梁）。

（4）脚手架地基应有可靠的排水措施，防止积水浸泡地基。

（5）脚手架旁有开挖的沟槽时，应控制外立杆距沟槽边的距离：当架高在 30m 以内时，不小于 1.5m；架高为 30～50m，不小于 2.0m；架高在 50m 以上时，不小于 2.5m。当不能满足上述距离时，应核算土坡承受脚手架的能力，不足时可加设挡土墙或其他可靠支护，避免槽壁坍塌危及脚手架安全。

（6）位于通道处的脚手架底部垫木（板）应低于其两侧地面，并在其上加设盖板；避免扰动。

2）一般做法

（1）30m 以下的脚手架，其内立杆大多处在基坑回填土之上。回填土必须严格分层夯实。垫木宜采用长 2.0～2.5m、宽不小于 200mm、厚 50～60mm 的木板，垂直于墙面放置（用长 4.0m 左右的木板平行于墙放置亦可），在脚手架外侧挖一浅排水沟排除雨水。

（2）架高超过 30m 的高层脚手架的基础通常做法为：地基处理常用 3：7 灰土垫层，深度约 1000mm，并应分层夯填，压实。其上有两种方式：采用道木支垫或 12～16 号槽钢支垫。

4. 安全管理

从事架体搭设人员必须是经过按现行国家标准《特种作业人员安全技术培训考核管理规定》考核合格的专业架子工，且取得政府有关监督管理部门核发的特殊工种操作证；当参与附着式升降脚手架安装、升降、拆卸操作时，还必须持建设行政管理部门核发的《升降脚手架上岗操作证》。上岗人员应定期体检，合格后方可持证上岗，凡患有不适合高处作业病症的不准参加高空作业。架子工作业时必须戴好安全帽、安全带和穿防滑鞋。

1）搭设高层脚手架，所采用的各种材料均必须符合质量要求。

2）脚手架搭设技术要求应符合有关规范规定，高层脚手架基础必须牢固，搭设前经计算，满足荷载要求，并按施工规范搭设。

3）必须重视各种构造措施，剪刀撑、拉结点等均应按要求设置。

4）脚手板沿长向铺设，接头应重叠搁置在小横杆上，严禁出现空头板。

5）在沿街或居民密集区，应从第二步起，外侧全部设安全立网。

6）脚手架搭设应高于操作面 1.5m 以上，并加设围护。

7）不得随意拆除，必须经工地负责人同意，并采取有效措施，工序完成后，立即恢复。

8）脚手架使用前，应由工地负责人组织检查验收，验收后方可使用。

9）脚手架拆除时，应自上而下，按先装后拆，后装先拆的顺序进行。

10）搭拆脚手架，应设置警戒区，并派专人警戒。遇有六级以上大风和恶劣气候，应停止脚手架搭拆工作。

11）地基必须有承受脚手架和工作时压强的能力。

12）工作人员搭建和高空工作中必须系有安全带。

13）脚手架的构件、配件在运输、保管过程中严禁严重摔、撞；搭接、拆装时，严禁从高处抛下，拆卸时应从上向下按顺序操作。

5. 检查、验收

脚手架搭设安装前，应先对基础等架体承重部位进行验收；搭设安装后应进行分段验收以及总体验收；遇有六级大风或大雨、停用超过1个月、由结构转向装饰施工阶段时，对脚手架应重新验收，并办好相关手续。挑、挂、吊特殊脚手架须由企业技术部门会同安全施工管理部门验收合格后才能使用。验收要定量与定性相结合，验收合格后应在架体上悬挂合格牌、限载牌、操作规程牌，并应写明使用单位、监护管理单位和责任人。

脚手架通常应每月进行一次专项检查，内容包括杆件的设置和连续、地基、扣件、架体的垂直度、安全防护措施等是否符合相关规定要求。

脚手架搭设和组装完毕后，应经检查、验收确认合格后方可进行作业。验收要求如下：

1）脚手架的基础处理、作法、埋置深度必须正确可靠。

2）架子的布置、立杆、大小横杆间距应符合要求。

3）架子的搭设和组装，包括工具架和起重点的选择应符合要求。

4）连墙点或与结构固定部分要安全可靠；剪刀撑、斜撑应符合要求。

5）脚手架的安全防护、安全保险装置要有效；扣件和绑扎拧紧程度应符合规定。

6）脚手架的起重机具、钢丝绳、吊杆的安装等要安全可靠，脚手板的铺设应符合规定。

6. 脚手架拆除的基本要求

脚手架拆除应在统一指挥下作业，拆除时必须由上而下按先搭后拆的顺序逐层进行，严禁上下同时作业。地面应设围栏和警戒标志，严禁非操作人员入内，并派专人监护和做好监控记录。拆除连墙件、剪刀撑等，必须在脚手架拆到相关部位方可拆除，严禁先将连墙件整层或数层拆除后再拆脚手架；分段拆除高差不应大于两步。工人必须站在固定牢靠的脚手板上进行拆除作业，并按规定使用安全防护用品。拆除时，各构配件严禁抛掷至地面。

1.6.2 扣件式钢管脚手架

为建筑施工而搭设的、承受荷载的由扣件和钢管等构成的脚手架与支撑架，统称扣件式钢管脚手架。扣件即采用螺栓紧固的扣接连接件。

扣件脚手架具有拆装灵活、运输方便、通用性强等特点，所以，在我国应用十分广泛，在脚手架工程中，其使用量占60%以上，是当前使用量最多，应用最普遍的一种脚手架。但是，这种脚手架安全保证较差，施工工效低，不能适应基本建设工程发展的需要。

1. 主要部件及名词解释

1）钢管：是扣件式钢管脚手架的重要组成部分，每米重量为3.97kg，厚度为3.6mm。与扣件一起配套使用。又称作架子管，可分为立杆、水平杆、扫地杆、剪刀撑等。脚手架钢管宜采用$\phi 48.3 \times 3.6mm$钢管。每根钢管的最大质量不应大于25.8kg。

2）扣件：是钢管与钢管之间的连接件，其形式有三种，即直角扣件、旋转扣件、对接扣件。

3）底座与垫板：是设立于立杆底部的垫座，注意底座与垫板的区别，底座一般是用钢板和钢管焊接而成的，底座一般放在垫板上面。

2. 扣件式钢管脚手架特点

1）优点

（1）杆配件数量少，适用性强；

（2）装卸方便，利于施工操作；

（3）搭设灵活，能搭设高度大；

（4）坚固耐用，可多次周转。

2）缺点

（1）扣件（特别是它的螺杆）容易丢失；

（2）节点处的杆件为偏心连接，靠抗滑力传递荷载和内力，因而降低了其承载能力；

（3）扣件节点的连接质量受扣件本身质量和工人操作的影响显著。

3）适应性

（1）构筑各种形式的脚手架、模板和其他支撑架；

（2）组装井字架；

（3）搭设坡道、工棚、看台及其他临时构筑物；

（4）作其他种脚手架的辅助，加强杆件。

3. 扣件式钢管搭设要求

1）搭设前必须具备的基本要素

（1）扣件式钢管脚手架搭设前应具备专项施工组织设计技术文件（施工方案），按规定审核、审批，搭设超过规范允许高度，专项施工方案应按规定组织专家论证。

（2）施工作业人员必须取得特种作业操作证方可上岗作业，架体搭设前应进行安全技术交底，交底要有文字记录。

（3）扣件式钢管脚手架严禁 $\phi48\times3.5$mm 与 $\phi51\times3.0$mm 的钢管混合使用。用于钢管之间连接的直角扣件、旋转扣件和对接扣件必须由正规生产厂家出具合格证。

（4）脚手板可采用冲压钢脚手板、木脚手板、竹脚手板等。

2）立杆与基础

（1）脚手架搭设中应注意地基平整坚实，并有可靠的排水措施，防止积水浸泡地基。

（2）每根立杆底部应设置底座或垫板。脚手架必须设置纵、横向扫地杆。纵向扫地杆应采用直角扣件固定在距底座上皮不大于 200mm 处的立杆上。横向扫地杆亦应采用直角扣件固定在紧靠纵向扫地杆下方的立杆上。

（3）当立杆基础不在同一高度上时，必须将高处的纵向扫地杆向低处延长两跨与立杆固定，高低差不应大于 1m。靠边坡上方的立杆轴线到边坡的距离不应小于 500mm。

（4）当立杆需要接长时，必须采用对接方法，不准采用搭接。

（5）脚手架立杆的对接、搭接应符合下列规定：

① 当立杆采用对接接长时，立杆的对接扣件应交错布置，两根相邻立杆的接头不应设置在同步内，同步内隔一根立杆的两个相隔接头在高度方向错开的距离不宜小于 500mm；各接头中心至主节点的距离不宜大于步距的 1/3；

② 当立杆采用搭接接长时，搭接长度不应小于 1m，并应采用不少于 2 个旋转扣件固定。端部扣件盖板的边缘至杆端距离不应小于 100mm。

（6）单、双排脚手架底层步距均不应大于 2m。

（7）单、双排与满堂脚手架立杆除顶层顶步外，其余各层各步接头必须采用对接扣件连接。

3）架体与建筑结构拉结（连墙件）

脚手架连墙件是防止脚手架失稳的重要保证，拉筋应采用 4mm 以上的钢丝拧成一股，不少于 2 股拉紧，柔性连接一般仅能用在高度 25m 以下的脚手架上。刚性拉结：一般采用钢管、扣件组成的刚性连接杆，在窗洞口或混凝土柱上，采用钢管与扣件拉结，扣件不宜少于 2 个，每个连墙件竖向间距在 3 个步距以内，水平步距应在 3 个纵距以内。具体要求如下：

（1）连墙件可按二步三跨或三步三跨设置，每个连墙件控制面积不大于 40m²，当脚手架搭设高度超过 50m 时，每个连墙件控制面积不应大于 27m²。

（2）设置连墙件的垂直距离控制要比水平距离更重要。

（3）连墙件的布置应符合下列规定：

① 应靠近主节点设置，偏离主节点的距离不应大于 300mm；

② 应从底层第一步纵向水平杆处开始设置，当该处设置有困难时，应采用其他可靠措施固定；

③ 应优先采用菱形布置，或采用方形、矩形布置。

（4）开口型脚手架的两端必须设置连墙件，并且不应大于 4m。

（5）连墙件中的连墙杆应呈水平设置，当不能水平设置时，应向脚手架一端下斜连接。

（6）对高度 24m 以上的双排脚手架，应采用刚性连墙件与建筑物连接。

4）剪刀撑与横向斜撑

（1）设置剪刀撑可增强脚手架的纵向刚度，阻止脚手架倾斜，有助于提高立杆的承载能力。试验表明：设置剪刀撑可提高承载力 10% 以上。按规范要求剪刀撑的设置应符合下列规定：

① 每道剪刀撑跨越立杆的根数为 5～7 根立杆（不小于 6m）。每道剪刀撑宽度不应小于 4 跨，且不应小于 6m，斜杆与地面的倾角应在 45°～60° 之间；

② 剪刀撑斜杆的接长应采用搭接或对接，搭接应符合相关规范的规定；

③ 剪刀撑斜杆应用旋转扣件固定在与之相交的横向水平杆的伸出端或立杆上，旋转扣件中心线至主节点的距离不应大于 150mm。

（2）高度在 24m 及以上的双排脚手架应在外侧全立面连续设置剪刀撑；高度在 24m 以下的单、双排脚手架，均必须在外侧两端、转角及中间间隔不超过 15m 的立面上，各设置一道剪刀撑，并应由底至顶连续设置。

（3）剪刀撑在脚手架中是承受拉杆或压杆的作用，而杆件承拉或受压力的大小主要是靠扣件的抗滑能力，所以在剪刀撑斜杆上扣件设置得越多其受力效果越好。斜杆的接长采用搭接，搭接处不少于 2 个回转扣件，搭接长度 1m。

（4）横向斜撑也叫横向剪刀撑，横向斜撑的设置应符合下列规定：

① 横向斜撑应在脚手架横向水平杆方向，在1～2个步距内设置的斜杆，由脚手架底部至顶部呈之字形或呈十字形连续设置，采用回转扣件，固定在与之相交的立杆或横向水平杆的伸出端上。

② 高度在24m以下的封闭型双排脚手架可不设横向斜撑，高度在24m以上的封闭型脚手架，除拐角应设置横向斜撑外，中间应每隔6跨距设置一道横向斜撑。

（5）开口型双排脚手架的两端均必须设置横向斜撑。

（6）双排扣件钢管脚手架的主要破坏形式为整体横向失稳破坏。所以增强脚手架横向刚度是提高脚手架承载能力的有效措施。

5）横向、纵向水平杆设置

（1）横向水平杆的构造应符合下列规定：

① 脚手架主节点（即立杆、纵向水平杆、横向水平杆三杆紧靠的扣接点）处必须设置一根横向水平杆用直角扣件扣接且严禁拆除。主节点处两个直角扣件的中心距不应大于150mm。非主节点处的横向水平杆，宜根据支承脚手板的需要等间距设置，最大间距不应大于纵距的1/2；

② 当使用冲压钢脚手板、木脚手板、竹串片脚手板时，双排脚手架的横向水平杆两端均应采用直角扣件固定在纵向水平杆上；单排脚手架的横向水平杆的一端应用直角扣件固定在纵向水平杆上，另一端应插入墙内，插入长度不应小于180mm；

③ 当使用竹笆脚手板时，双排脚手架的横向水平杆的两端，应用直角扣件固定在立杆上；单排脚手架的横向水平杆的一端，应用直角扣件固定在立杆上，另一端插入墙内，插入长度不应小于180mm。

（2）横向水平杆是脚手架的受力杆件，横向水平杆不仅承受脚手板传来的荷载，同时还将里外立杆连接，以此提高脚手架的整体性和承载能力。如果横向水平杆设置时的扣件只紧固一端，不能将里外排脚手架连接在一起而不能共同工作。当非作业层横向水平杆隔一步或隔两步间隔拆除时，脚手架的承载能力也将随之降低10%以上。

（3）纵向水平杆宜设置在立杆的内侧，其长度不宜小于3跨，纵向水平杆可采用对接扣件，也可采用搭接。如采用对接扣件方法，则对接扣件应交错布置；如采用搭接连接，搭接长度不应小于1m，并应等间距设置3个旋转扣件固定。

（4）纵向水平杆的间距称为步距，步距的大小，直接影响着立杆的长细比和脚手架的承载能力。在其他条件相同时，当步距由1.2m增加到1.8m时，脚手架的承载能力将下降26%以上。所以施工中纵向水平杆的步距不得随意加大，不得擅自拆掉纵向水平杆。

6）作业层防护

（1）作业层脚手板应铺满、铺稳，离开墙面120～150mm；狭长形脚手板，如冲压钢脚手板、木脚手板、竹串片脚手板等，应设置在三根横向水平杆上。

（2）作业层脚手板下应用安全平网兜底或作业层以下每隔10m采用安全平网封闭。

4. 扣件式钢管脚手架拆除时主要安全技术要点

1）作业前应对脚手架的现状，包括变形情况、杆件之间的连接、与建筑物的连接及支撑情况以及作业环境进行检查。

2）按照作业方案进行研究并分工。

3）拆除之前，划定危险作业范围，并进行围圈、设监护人员。

4）拆除作业时，地面设专人指挥，按要求统一进行。

5）拆除顺序应沿脚手架交圈进行。分段拆除时，高差不应大于 2 步，以保持脚手架的两端，增设横向斜撑先行加固后再进行拆除。

6）连墙杆不得提前拆除，在逐层拆除到连墙件部位时，方可拆除。在最后一道连墙件拆除之前，应先在立杆上设置抛撑后进行，以保证立杆拆除中的稳定性。

7）拆除作业中应随时注意作业位置的可靠和挂牢安全带。

5. 安全措施

1）扣件钢管脚手架安装与拆除人员必须是经考核合格的专业架子工。架子工应持证上岗。

2）搭拆脚手架人员必须戴安全帽、系安全带、穿防滑鞋。

3）脚手架的构配件质量与搭设质量，应按规定进行检查验收，并应确认合格后使用。

4）钢管上严禁打孔。

5）作业层上的施工荷载应符合设计要求，不得超载。

6）满堂支撑架在使用过程中，应设有专人监护施工。

7）满堂支撑架顶部的实际荷载不得超过设计规定。

8）当有六级强风及以上风、浓雾、雨或雪天气时应停止脚手架搭设与拆除作业。

9）夜间不宜进行脚手架搭设与拆除作业。

10）脚手架的安全检查与维护，应按《建筑施工扣件式钢管脚手架安全技术规范》（JGJ 130—2011）规范第 8.2 节的规定进行。

11）脚手板应铺设牢靠、严实，并应用安全网双层兜底。施工层以下每隔 10m 应用安全网封闭。

12）单、双排脚手架、悬挑式脚手架沿墙体外围应用密目式安全网全封闭，密目式安全网宜设置在脚手架外立杆的内侧，并应与架体结扎牢固。

13）在脚手架使用期间，严禁拆除下列杆件：

（1）主节点处的纵、横向水平杆，纵、横向扫地杆；

（2）连墙件。

14）当在脚手架使用过程中开挖脚手架基础下的设备或管沟时，必须对脚手架采取加固措施。

15）满堂脚手架与满堂支撑架在安装过程中，应采取防倾覆的临时固定措施。

16）临街搭设脚手架时，外侧应有防止坠物伤人的防护措施。

17）在脚手架上进行电、气焊作业时，应有防火措施和专人看守。

18）工地临时用电线路的架设及脚手架接地、避雷措施等，应按现行规范执行。

19）搭拆脚手架时，地面应设围栏和警戒标志，并应派专人看守，严禁非操作人员入内。

1.6.3 门式钢管脚手架

1. 门式钢管脚手架的构成及表示方法

1）门式钢管脚手架的作用及构成：

门式钢管脚手架是 20 世纪 80 年代初由国外引进的一种多功能型脚手架。门式钢管脚手架是由门架、交叉支撑、连接棒、挂扣式脚手板或水平架、锁臂等基本结构组成，再设置水平加固杆、剪刀撑、扫地杆、封口杆、托座与底座，并采用连墙件与建筑物主体结构相连的一种标准化钢管脚手架，如图1-5所示。搭设时设置加固杆件用于增强脚手架的刚度和稳定性，并在脚手架的竖向和横向每隔一定距离用连墙件与主体结构相连。门式钢管脚手架的主要构件为门架、梯型架、窄型架、承托架等。配件钉交叉支撑、挂扣式脚手板、水平架、连接棒、锁臂、可调底座、固定底座、钢梯、栏杆柱、栏杆扶手等。加固件用于增强门式钢管脚手架的刚度、整体性和稳定性，主要有水平加固杆、剪刀撑、扫地杆、封口杆和扣件等。连墙件是用于脚手架与建筑结构物连接的部件。

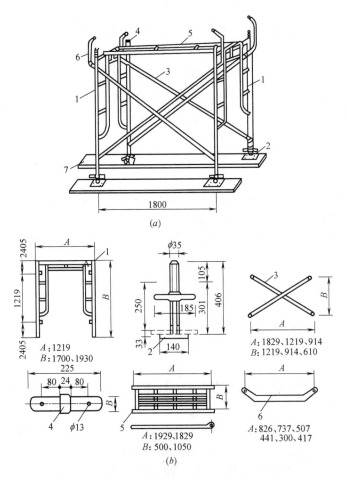

图 1-5 门型脚手架组合图

(a) 门型脚手架基本组合单元; (b) 基本单元部件

1—门型架; 2—螺栓基脚; 3—剪刀撑; 4—连接棒; 5—平架 (踏脚板); 6—锁臂; 7—木板

　　2) 门式钢管脚手架的组成: 门式钢管脚手架的组成见图1-6。门式钢管脚手架由门式框架 (门架)、交叉支撑 (十字拉杆) 和水平架 (平行架、平架) 或脚手板构成基本单元。将基本单元相互连接起来并增加梯子、栏杆等部件构成整片脚手架。

　　3) 门式钢管脚手架的表示方法

　　门架代号用: 代号宽度/100 高度/100 表示。如: MF1217, 表示门架立杆中心线宽

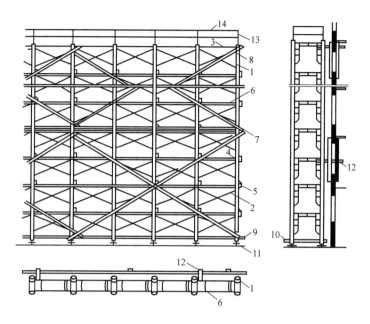

图 1-6　门式钢管脚手架的组成

1—门架；2—交叉支撑；3—脚手板；4—连接棒；5—锁臂；6—水平架；7—水平加固杆；
8—剪刀撑；9—扫地杆；10—封口杆；11—底座；12—连墙件；13—栏杆；14—扶手

度为 1200mm，高度为 1700mm，国标规定门架的宽度为 1200mm，高度为 1900mm、
1700mm、1500mm 三种。门架型号、规格、代号见表 1-12。

门架型号、规格、代号
表 1-12

名称	分类	代号	外形尺寸(mm)	
			宽度(b)	高度(h_0)
门架	门型架	MF××××	1200	1900
				1700
				1500
	梯型架	LF××××	1200	1200
				900
	窄型架	NF××××	600	1700
	承托架	BF××××	900	
			1200	

2. 门式钢管脚手架搭设要点

1）门式脚手架搭设顺序：

基础准备→安放垫板→安放底座→竖两榀单片门架→安装交叉杆→安装水平架（或脚
手板）→安装钢梯→安装水平加固杆→安装连墙杆→照上述步骤，逐层向上安装，按规定
位置安装剪刀撑→装配顶步栏杆。脚手架的搭设必须配合施工进度，一次搭设高度不应超
过最上层连墙件三步或自由高度小于 6m，以保证脚手架稳定。

2）门式脚手架应从一端开始向另一端搭设，搭完一步后，应检查、调整其水平度与
垂直度。上步脚手架应在下步脚手架搭设完毕后进行。搭设方向与下步相反。

3）严格控制首层门架的垂直度和水平度。装上以后，要逐片地、仔细地调整好，使门架竖杆在两个方向的垂直偏差都控制在 2mm 以内，门架顶部的水平偏差控制在 5mm 以内，随后在门架的顶部和底部用大横杆和扫地杆加以固定。

4）在有沉降的地基土上脚手架的下部加设通长的大横杆（$\phi48$ 脚手管，用扣件与门架连接）并不少于 3 步，且内外侧均需设置，防止脚手架发生变形。

5）接门架时，先安装连接棒，后接门架和锁臂，上下门架竖杆之间要对齐，对中的偏差不宜大于 3mm，同时注意调整门架的垂直度和水平度。

6）要及时装设连墙杆，以避免在架子横向发生偏斜。

7）门架之间设置剪刀撑和脚手板，其间连接应可靠。

8）因进行作业需要临时拆除脚手架内侧剪刀撑时，应先在该层里侧面上部加设大横杆，以后再拆除剪刀撑，作业完毕后应立即将剪刀撑重新装上，并将大横杆移到下或上一作业层上。

9）整片脚手架必须适量设置水平加固杆（即大横杆），前三层要每层设置，三层以上则每隔三层设置一道。

10）在架子外侧面设置长剪刀撑（$\phi48$ 脚手钢管，长 6~8m），其高度和宽度为 3~4 个步距（或架距）与地面夹角为 45°~60°，相邻长剪刀撑之间相隔 3~5 个架距。

11）使用连墙杆或连墙器将脚手架和建筑结构可靠连接，连墙点的最大间距，在垂直方向为 6m，在水平方向为 8m，一般情况下，在垂直方向，每隔 3 个步距和水平方向每隔 4 个架距设一个点，高层脚手架应增加布设密度，低层脚手架可适当减少布设密度。连墙点应与水平加固杆同步设置。

12）作好脚手架的转角处理。脚手架在转角之处必须作好连接和与墙拉结，以确保脚手架的整体性。

（1）在转角处利用转动扣件直接把两片门架的竖管扣结起来。

（2）利用钢管（$\phi48$）和转动扣件把处于相交方向的门架连接起来。

（3）在转角处适当增加连墙点的布设密度。

3. 门式脚手架拆除的安全技术要求

1）工程施工完毕，应经单位工程负责人检查验证确认不再需要脚手架时，方可拆除。拆除脚手架应符合下列要求：

（1）拆除脚手架前，应清除脚手架上的材料、工具和杂物。

（2）脚手架的拆除，应按后装先拆的原则，按下列程序进行：

① 从跨边起先拆顶部扶手与栏杆柱，然后拆脚手板（或水平架）与扶梯段，再卸下水平加固杆和剪刀撑。

② 自顶层跨边开始拆卸交叉支撑，同步拆下顶层连墙杆与顶层门架。

③ 继续向下同步拆除第二步门架与配件。脚手架的自由悬臂高度不得超过三步，否则应加设临时拉结。

④ 连续同步往下拆卸。

⑤ 拆除扫地杆、底层门架及封口杆。

⑥ 拆除基座，运走垫板和垫块。

2）脚手架的拆卸必须符合下列安全要求：

（1）工人必须站在临时设置的脚手板上进行拆除作业。

（2）拆除工作中，严禁使用榔头等硬物击打、撬挖。

（3）拆卸连接部件时，应先将锁座上的锁板与搭钩上的锁片转至开启位置不准硬拉，严禁敲击。

（4）拆下的门架、钢管与配件，应成捆用机械吊运或井架传送至地面，严禁抛掷。

3）拆除注意事项：

（1）拆除脚手架时，地面应设围栏和警戒标志，并派专人看守，严禁一切非操作人员人内。

（2）脚手架拆除时，拆下的门架及配件，均须加以检验。清除杆件及螺纹上的沾污物，进行必要的整形，变形严重者，应送回工厂修整。应按规定分级检查、维修或报废。拆下的门架及其他配件经检查、修整后应按品种、规格分类整理存放，妥善保管，防止锈蚀。

4. 安全管理措施

1）门式脚手架作业层上严禁超载，不宜使用手推车，材料的水平运输。

2）脚手架在使用期间应加强检查工作，每次检查都应对杆件有无发生变形、连接是否松动，连墙拉结是否可靠以及地基是否发生沉陷等进行全面检查，以确保使用安全。

3）门式脚手架在使用期间，不应拆除加固杆、连墙件、转角处连接杆、通道口斜撑杆等加固杆件。

4）拆除架子时，应自上而下进行，部件拆除的顺序与安装顺序相反。不允许将拆除的部件直接从高空掷下，应将拆下的部件分品种捆绑后，使用垂直吊运设备将其运至地面，集中堆放保管。

5）门式脚手架部件的品种规格较多，必须由专门人员（或部门）管理，以减少损坏。凡杆件变形和挂扣失灵的部件均不得继续使用。

6）在门式脚手架或模板支架上进行电、气焊作业时，必须有防火措施和专人看护。

1.6.4 碗扣式钢管脚手架

1. 碗扣式钢管脚手架特点

碗扣式钢管脚手架是一种杆件轴心相交（接）的承插锁固式钢管脚手架。采用带连接件的定型杆件，组装简便，具有比扣件式钢管脚手架较强的稳定承载能力，不仅可以组装各式脚手架，而且更适合构造各种支撑架，特别是重载支撑架。

碗扣式钢管脚手架目前广泛使用的 WDJ 型碗扣式钢管脚手架基本上解决了上述扣件式钢管脚手架的缺陷。WDJ 碗扣式脚手架的最大特点，是独创了带齿的碗扣式接头。这种接头结构合理，力学性能明显优于扣件和其他类型的接头。它不仅基本上解决了偏心距的问题，而且具有装卸方便、安全可靠、劳动效率高、功能多、不易丢失零散扣件等优点，因而受到施工单位的欢迎，是一种有广泛前景的新型脚手架。

1）碗扣式钢管脚手架的优缺点及适应性

（1）碗扣节点结构合理，力杆轴向传力，使脚手架整体在三维空间、结构强度高、整体稳定性好、具有可靠的自锁性能，能更好地满足施工安全的需要。

（2）脚手架组架形势灵活，适用范围广根据施工要求，能组成模数为 0.6m 的多种组架尺寸和载荷的单排、双排脚手架、支撑架、物料提升脚手架等多功能的施工装备，并能做曲线布置，又可在任意高差地面上使用，根据不同的负载要求，可灵活调整支架间距。

(3) 碗扣脚手架各构件尺寸统一、搭设的脚手架具有规范化、标准化的特点，适合于现场文明施工；由于碗扣与杆件为一整体，避免了散件的丢失磨损费用，便于现场管理。

(4) 减轻了劳动强度装拆功效高，作业强度低，接头装拆速度比常规脚手架快 2~3 倍，工人仅需一把小铁锤便可完成全部作业，可降低劳动强度 50%。

(5) 维护简单，由于碗扣式脚手架完全避免了螺栓作业，不易丢失散件、构件轻便、牢固、经碰经磕、一般锈蚀不影响装拆作业，维护简单，运输方便。

(6) 降低成本，可利用现有扣件式钢管脚手架进行装备改造，大大降低更新成本。

2) 优点

(1) 多功能：能根据具体施工要求，组成不同组架尺寸、形状和承载能力的单、双排脚手架，支撑架，支撑柱，物料提升架，爬升脚手架，悬挑架等多种功能的施工装备。也可用于搭设施工棚、料棚、灯塔等构筑物。特别适合于搭设曲面脚手架和重载支撑架。

(2) 高功效：常用杆件中最长为 3130mm，重 17.07kg。整架拼拆速度比常规快 3~5 倍，拼拆快速省力，工人用一把铁锤即可完成全部作业，避免了螺栓操作带来的诸多不便。

(3) 通用性强：主构件均采用普通的扣件式钢管脚手架之钢管，可用扣件同普通钢管连接，通用性强。

(4) 承载力大：立杆连接是同轴心承插，横杆同立杆靠碗扣接头连接，接头具有可靠的抗弯、抗剪、抗扭力学性能。而且各杆件轴心线交于一点，节点在框架平面内，因此，结构稳固可靠，承载力大（整架承载力提高，约比同等情况的扣件式钢管脚手架提高 15% 以上）。

(5) 安全可靠：接头设计时，考虑到上碗扣螺旋摩擦力和自重力作用，使接头具有可靠的自锁能力。作用于横杆上的荷载通过下碗扣传递给立杆，下碗扣具有很强的抗剪能力（最大为 199kN）。上碗扣即使没被压紧，横杆接头也不致脱出而造成事故。同时配备有安全网支架、间横杆、脚手板、挡脚板、架梯、挑梁、连墙撑等杆配件，使用安全可靠。

(6) 易于加工：主构件用 $\phi48 \times 3.5$、Q235B 焊接钢管，制造工艺简单，成本适中，可直接对现有扣件式脚手架进行加工改造，不需要复杂的加工设备。

(7) 不易丢失：该脚手架无零散易丢失扣件，把构件丢失减少到最小程度。

(8) 维修少：该脚手架构件消除了螺栓连接，构件经碰耐磕，一般锈蚀不影响拼拆作业，不需特殊养护、维修。

(9) 便于管理：构件系列标准化，构件外表涂以橘黄色。美观大方，构件堆放整齐，便于现场材料管理，满足文明施工要求。

(10) 易于运输：该脚手架最长构件 3130mm，最重构件 40.53kg，便于搬运和运输。

3) 缺点

(1) 横杆为几种尺寸的定型杆，立杆上碗扣节点按 0.6m 间距设置，使构架尺寸受到限制；

(2) U 形连接销易丢；

(3) 价格较贵。

4）适应性

（1）构筑各种形式的脚手架、模板和其他支撑架；

（2）组装井字架；

（3）搭设坡道、工棚、看台及其他临时构筑物；

（4）构造强力组合支撑柱；

（5）构筑承受横向力作用的支撑架。

2. 碗扣式钢管脚手架的构造特点

碗扣式钢管脚手架的核心部件是碗扣接头，它由上碗扣、下碗扣、横杆接头和上碗扣限位销组成。碗扣式钢管脚手架采用 $\phi48\times3.15$（mm）A3 焊接钢管作主构件，立杆和顶杆是在一定长度的钢管上每隔 0.6m 安装一套碗扣接头制成。碗扣分上碗扣和下碗扣，下碗扣焊在钢管上，上碗扣对应地套在钢管上，其销槽对准焊接横杆接头制成。连接时，只需将横杆接头插入下碗扣内，将上碗扣沿限位销扣下，并顺时针旋转，靠上碗扣螺旋面使之与限位销顶紧，从而将横杆与立杆牢固地连在一起，形成框架结构。每个碗扣接头可同时连接 4 根横杆，横杆可以互相垂直或倾斜一定的角度。碗扣接头具有很好的力学性能，下碗扣轴向极限抗剪力为 170kN；上碗扣偏心极限张拉力为 43kN；横杆接头的抗弯力，在悬臂端集中荷载作用下为 2kN/m，在跨中集中荷载作用下为 6～9kN/m。

1）碗扣节点：

碗扣节点由上碗扣、下碗扣、横杆接头和上碗扣限位销组成。如图 1-7 所示。

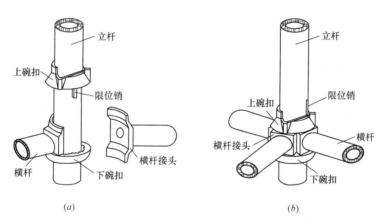

图 1-7 碗扣节点构成

（a）连接前；（b）连接后

2）双排脚手架首层立杆应采用不同的长度交错布置，底层纵、横向横杆作为扫地杆距地面高度应小于或等于 350mm，严禁施工中拆除扫地杆，立杆应配置可调底座或固定底座。如图 1-8。

3）当双排脚手架拐角为直角时，宜采用横杆直接组架。当双排脚手架拐角为非直角时，可采用钢管扣件组架。

4）双排脚手架专用外斜杆设置（见图 1-9）：

（1）斜杆应设置在有纵、横向横杆的碗扣节点上；

（2）在封圈的脚手架拐角处及一字形脚手架端部应设置竖向通高斜杆；

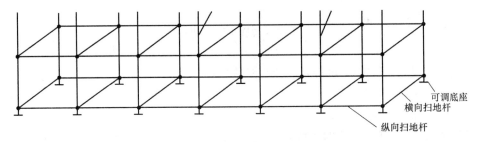

图 1-8　首层立杆布置示意

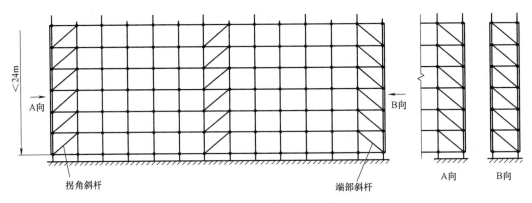

图 1-9　专用外斜杆设置示意

（3）当脚手架高度小于或等于 24m 时，每隔 5 跨应设置一组竖向通高斜杆；当脚手架高度大于 24m 时，每隔 3 跨应设置一组竖向通高斜杆，斜杆应对称设置；

（4）当斜杆临时拆除时，拆除前应在相邻立杆间设置相同数量的斜杆。

5）当采用钢管扣件作斜杆时的作法：

（1）斜杆应每步与立杆扣接，扣接点距碗扣节点的距离不应大于 150mm；当出现不能与立杆扣接时，应与横杆扣接，扣件扭紧力矩应为 40～65N·m；

（2）纵向斜杆应在全高方向设置成八字形且内外对称，斜杆间距不应大于 2 跨，见图 1-10。

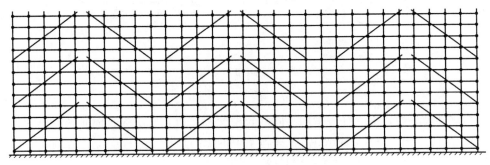

图 1-10　钢管扣件作斜杆设置示意图

6）连墙件的设置：

（1）连墙件应呈水平设置，当不能呈水平设置时，与脚手架连接的一端应下斜连接；

（2）每层连墙件应在同一平面，且水平间距不应大于 4.5m；

（3）连墙件应设置在有横向横杆的碗扣节点处，当采用钢管扣件做连墙件时，连墙件应与立杆连接，连接点距碗扣节点距离不应大于150mm；

（4）连墙件应采用可承受拉、压荷载的刚性结构，连接应牢固可靠。

7）当脚手架高度大于24m时，顶部24m以下所有的连墙件层必须设置水平斜杆，水平斜杆应设置在纵向横杆之下。

8）脚手板设置：

（1）工具式钢脚手板必须有挂钩，并带有自锁装置与廊道横杆锁紧，严禁浮放；

（2）冲压钢脚手板、木脚手板、竹串片脚手板，两端应与横杆绑牢，作业层相邻两根廊道横杆间应加设间横杆，脚手板探头长度应小于或等于150mm。

9）脚手架内立杆与建筑物距离应小于或等于150mm；当脚手架内立杆与建筑物距离大于150mm时，应按需要分别选用窄挑梁或宽挑梁设置作业平台。挑梁应单层挑出，严禁增加层数。

3. 碗扣式钢管脚手架组合形式与适用范围

1）单排脚手架

单排碗扣式钢管脚手架按作业顶层荷载要求，可组合成1、2、3三种形式，它们的组合形式及适用范围如表1-13。

碗扣式单排钢管脚手架组合形式及适用范围 表1-13

脚手架形式	框高×框宽(m)	适应范围
1型架	1.8×1.8	一般外装修、维护等作业
2型架	1.2×1.2	一般施工
3型架	1.2×0.9	重载施工

2）双排脚手架

双排碗扣式钢管脚手架按施工作业要求与施工荷载的不同，可组合成轻型架、普通型架和重型架三种形式，它们的组框构造尺寸及适用范围列于表1-14中。

碗扣式双排钢管脚手架组合形式及适用范围 表1-14

脚手架形式	廊道宽×框高×框宽(m)	适应范围
轻型架	1.2×2.4×2.4	装修、维护等作业
普通型架	1.2×1.8×1.8	结构施工最常见
重型架	1.2×1.2×1.8 或 1.2×0.9×1.8	重载作用、高层脚手架中的底部架

4. 碗扣式脚手架的搭设

1）搭设前必须具备的基本要素

（1）碗扣式脚手架搭设前应具备专项施工组织设计技术文件（施工审批，搭设超过规范允许高度，专项施工方案应按规定组织专家论证）。

（2）施工作业人员必须取得特种作业操作证方可上岗作业，架体搭设前应按脚手架施工设计或专项方案的要求对搭设和使用人员进行安全技术交底交底，交底要有文字记录。

2）基础要求

（1）脚手架搭设场地必须平整、坚实、排水措施得当。

（2）土壤地基上的立杆必须采用可调底座。地基高低差较大时，可利用立杆0.6m节点位差调节。

3）脚手架搭设

（1）底座和垫板应准确地放置在定位线上；垫板宜采用长度不少于 2 跨，厚度不小于 50mm 的木垫板；底座的轴心线应与地面垂直。

（2）脚手架搭设应按立杆、横杆、斜杆、连墙件的顺序逐层搭设，每次上升高度不大于 3m。底层水平框架的纵向直线度应≤$L/200$；横杆间水平度应≤$L/400$。

（3）脚手架的搭设应分阶段进行，第一阶段的摺底高度一般为 6m，搭设后必须经检查验收后方可正式投入使用。

（4）脚手架的搭设应与建筑物的施工同步上升，每次搭设高度必须高于即将施工楼层 1.5m。

（5）脚手架全高的垂直度应小于 $L/500$；最大允许偏差应小于 100mm。

（6）脚手架内外侧加挑梁时，挑梁范围内只允许承受人行荷载，严禁堆放物料。

（7）连墙件必须随架子高度上升及时在规定位置处设置，严禁任意拆除。

（8）作业层设置应符合下列要求：

① 必须满铺脚手板，外侧应设挡脚板及护身栏杆；

② 护身栏杆可用横杆在立杆的 0.6m 和 1.2m 的碗扣接头处搭设两道；

③ 作业层下的水平安全网应按《建筑施工扣件式钢管脚手架安全技术规范》（JGJ 130—2011）规定设置。

（9）采用钢管扣件作加固件、连墙件、斜撑时应符合《建筑施工扣件式钢管脚手架安全技术规范》（JGJ 130—2011）的有关规定。

（10）脚手架搭设到顶时，应组织技术、安全、施工人员对整个架体结构进行全面的检查和验收，及时解决存在的结构缺陷。

4）脚手架搭设的注意事项

（1）脚手架组装以 3～4 人一小组为宜，其中 1～2 人递料，另外 2 人共同配合组装，每人负责一端。

（2）组装时，要求至多两层向同一方向，或由中间向两边推进，不得从两边向中间合拢组装，否则中间杆件会因两侧架子刚度太大而难以安装。

（3）碗扣式脚手架的底层组架最为关键，其组装质量直接影响到整架的质量。当组装完两层横杆后，首先应检查并调整水平框架的直角度和纵向直线度；其次应检查横杆的水平度，并通过调整立杆可调座使横杆间的水平偏差小于 1/400，同时应逐个检查立杆底脚，并确保所有立杆不能松动。

（4）底层架子符合搭设要求后，应检查所有碗扣接头，并锁紧。

（5）搭设、拆除或改变作业程序时，禁止人员进入危险区域。

（6）连墙撑应随着脚手架的搭设而随时在设计位置设置，并尽量与脚手架和建筑物外表面垂直。

（7）单排横杆插入墙体后，应将夹板用榔头击紧，不得浮放。

（8）脚手架的施工、使用应设专人负责，并设安全监督检查人员。

（9）不得将脚手架构件等物品从过高的地方抛掷，不得随意拆除已投入使用的脚手架构件。

（10）在使用过程中，应定期对脚手架进行检查，严禁乱堆乱放，应及时清理各层堆积的杂物。

（11）脚手架应随建筑物升高而随时设置，一般不应超出建筑物两步架。

5）脚手架的检查时间

（1）碗扣式钢管脚手架的搭设过程中为了保证安全，要不时地对脚手架进行检查。脚手架的检查时间如下：

① 每搭设 10m 高度；

② 达到设计高度；

③ 遇有 6 级及以上大风、大雨、大雪之后；

④ 停工超过一个月，恢复使用前。

（2）脚手架检查内容见表 1-15。

脚手架检查的主要内容 表 1-15

序号	检 查 内 容
1	立杆垫座与基础面是否接触良好，有无松动或脱离现象
2	基础是否有不均匀沉降
3	荷载是否超过规定
4	连墙撑、斜杆及安全网等构件的设置是否达到设计要求
5	检验全部节点的上碗扣是否锁紧
6	整架垂直度是否小于 $L/500$ 或 100mm，纵向直线度是否小于 $L/200$，横杆水平度是否小于 $L/400$

5. 碗扣式脚手架拆除

1）应全面检查脚手架的连接、支撑体系等是否符合构造要求，经按技术管理程序批准后方可实施拆除作业。

2）脚手架拆除前现场工程技术人员应对在岗操作工人进行有针对性的安全技术交底。

3）脚手架拆除时必须划出安全区，设置警戒标志，派专人看管。

4）拆除前应清理脚手架上的器具及多余的材料和杂物。

5）拆除作业应从顶层开始，逐层向下进行，严禁上下层同时拆除。

6）连墙件必须拆到该层时方可拆除，严禁提前拆除。

7）拆除的构配件应成捆用起重设备吊运或人工传递到地面，严禁抛掷。

8）脚手架采取分段、分立面拆除时，必须事先确定分界处的技术处理方案。

9）拆除的构配件应分类堆放，以便于运输、维护和保管。

6. 碗扣式脚手架的检查与验收

1）进入现场的碗扣架构配件应具备以下证明资料：

（1）主要构配件应有产品标识及产品质量合格证；

（2）供应商应配套提供管材、零件、铸件、冲压件等材质、产品性能检验报告。

2）构配件进场质量检查的重点：

钢管管壁厚度；焊接质量；外观质量；可调底座和可调托撑丝杆直径、与螺母配合间隙及材质。

3）脚手架搭设质量应按阶段进行检验：

（1）首段以高度为 6m 进行第一阶段（摆底阶段）的检查与验收；

（2）架体应随施工进度定期进行检查；达到设计高度后进行全面的检查与验收；

（3）遇 6 级以上大风、大雨、大雪后特殊情况的检查；

（4）停工超过一个月恢复使用前。

4）对整体脚手架应重点检查以下内容：

（1）保证架体几何不变形的斜杆、连墙件、十字撑等设置是否完善；

（2）基础是否有不均匀沉降，立杆底座与基础面的接触有无松动或悬空情况；

（3）立杆上碗扣是否可靠锁紧；

（4）立杆连接销是否安装、斜杆扣接点是否符合要求、扣件拧紧程度。

5）搭设高度在 20m 以下（含 20m）的脚手架，应由项目负责人组织技术、安全及监理人员进行验收；对于高度超过 20m 脚手架，超高、超重、大跨度的模板支撑架，应由其上级安全生产主管部门负责人组织架体设计及监理等人员进行检查验收。

6）脚手架验收时，应具备下列技术文件：

（1）施工组织设计及变更文件；

（2）高度超过 20m 的脚手架的专项施工设计方案；

（3）周转使用的脚手架构配件使用前的复验合格记录；

（4）搭设的施工记录和质量检查记录。

1.6.5 特殊悬挑、挂、吊脚手架

1. 悬挑脚手架

1）悬挑脚手架简述：

悬挑脚手架是一种利用悬挑在建筑物上支承结构搭设的脚手架，架体的荷载通过悬挑支承结构传递到主体结构上，上部搭设脚手架的方式与普通脚手架相同，其纵距一般不宜大于 1.5m，步距为 1.8m，须按要求设置连墙点，进行硬拉接，且架体高度不得超过 25m。当架体较高时，应分段设置悬挑支承结构。悬挑支承结构作为挑脚手架的关键部分，必须具有一定的强度、刚度和稳定性。悬挑式脚手架一般有两种：一种是每层一挑，将立杆底部顶在楼板、梁或墙体等建筑部位，向外倾斜固定后，在其上部搭设横杆、铺脚手板形成施工层，施工一个层高，待转入上层后，再重新搭设脚手架，提供上一层施工；另一种是多层悬挑，将全高的脚手架分成若干段，每段搭设高度不超过 25cm，利用悬挑梁或悬挑架作脚手架基础，分段悬挑、分段搭设脚手架，利用此种方法可以搭设超过 50m 以上的脚手架。基本形式有支撑杆式和挑梁式两种。

2）悬挑脚手架适用范围：

悬挑式外脚手架一般应用在施工中以下三种情况：

（1）±0 以下结构工程回填土不能及时回填，而主体结构工程必须立即进行，否则将影响工期；

（2）高层建筑主体结构四周为裙房，脚手架不能直接支承在地面上；

（3）超高建筑施工，脚手架搭设高度超过了架子的容许搭设高度，因此将整个脚手架按容许搭设高度分成若干段，每段脚手架支承在由建筑结构向外悬挑的结构上。

3）悬挑脚手架的构造：

悬挑脚手架的构造及其尺寸要求依据施工需要而定。一般由主梁、次梁、底板、栏杆、吊索等部分构成，如图1-11所示。

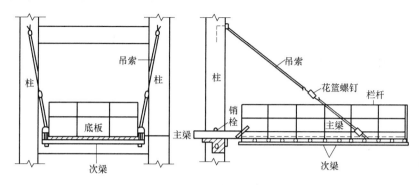

图1-11 悬挑脚手架

4）悬挑式支承结构：

悬挑脚手架的关键是悬挑支承结构，它必须有足够的强度、稳定性和刚度，并能将脚手架的荷载传递给建筑结构。悬挑支承结构的形式一般均为三角形桁架，根据所用杆件的种类不同可分成两类，即钢管支承结构和型钢支承结构。

（1）钢管支承结构

钢管支承结构是由普通脚手钢管组成的三角形桁架（见图1-12）。斜撑杆下端支在下层的边梁或其他可靠的支托物上，具有相应的固定措施。当斜撑杆较长时，可采用双杆或在中间设置连接点。因钢管支承结构的节点连接以扣件为主，而扣件又以紧固摩擦来传递荷载，故钢管支承结构承载力较小，通过设计计算，支承结构一般仅能搭设4～8步脚手架，当高层施工时，通常以2～4层为一段进行分段搭设。钢管支承结构搭拆属于高空作业，搭拆施工前要研究各杆件间关系，明确搭拆顺序，避免造成杆件传力不合理，留下安全隐患。因钢管支承结构的悬挑脚手架在搭设和使用时，存在诸多不安全因素，故不提倡搭设此类脚手架。

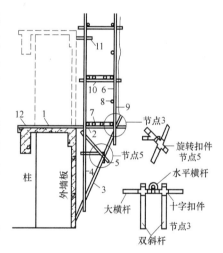

图1-12 钢管支撑结构

1—水平横杆；2—大横杆；3—双斜杆；
4—内立杆；5—加强短杆；6—外立杆；
7—竹笆脚手板；8—栏杆；9—安全网；
10—小横杆；11—短钢管与结构拉接；
12—水平横杆与预埋环焊接

（2）型钢支承结构

型钢支承结构的结构形式主要分为斜拉式、下撑式和悬臂式三种。

① 悬臂式。悬臂式是仅用型钢作悬挑梁外挑，其悬臂长度与搁置长度之比不得小于1∶2。型钢采用预埋圆钢环箍或用电焊进行固定。悬臂式挑脚手架搭设高度不宜超过10m（见图1-13）。型钢支承结构的承载力远大于钢管支承结构，通过设计计算，支承结构上部脚手架搭设高度最高可达25m，但型钢支承结构耗钢量较大，预埋件存在一次性弃损，且现场制作精度和安装难度较大。

② 下撑。下撑式是用型钢焊接成三角形桁架，其三角斜撑为压杆。桁架的上下支

点与建筑物相连形成悬挑支承结构（见图 1-14）。下撑式悬挑外脚手架，悬出端支承杆件是斜撑受压杆件，其承载能力由压杆稳定性控制，因此断面较大，钢材用量较多且笨重。

图 1-13 悬臂式悬挑脚手架　　　　　图 1-14 下撑式悬挑脚手架

　　③ 斜拉式。斜拉式是用型钢作悬挑梁外挑，再在悬挑端用可调节长度的无缝钢管或圆钢拉杆与建筑物作斜拉，形成悬挑支承结构（见图 1-15）。而斜拉式悬挑外脚手架悬出端支承杆件是斜拉索（或拉杆），其承载能力由拉杆的强度控制，因此断面较小，能节省钢材，自重轻。

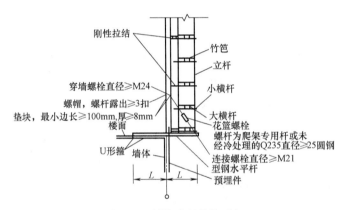

图 1-15 斜拉式悬挑脚手架

　　悬挑支承结构以上部分的脚手架搭设方法与一般外脚手架相同，并按要求设置连墙点。这种悬挑脚手架的高度（或分段的高刚性拉结度）不得超过 25m 。

　　5）悬挑脚手架的搭设要求：

　　（1）悬挑脚手架每段搭设高度不宜大于 18m。

　　（2）悬挑脚手架立杆底部与悬挑型钢连接应有固定措施，防止滑移。

　　（3）悬挑架步距不应大于 1.8m。立杆纵向间距不应大于 1.5m。

　　（4）悬挑脚手架的底层和建筑物的间隙必须封闭防护严密，以防坠物。

　　（5）与建筑主体结构的连接应采用刚性连墙件。连墙件间距水平方向不应大于 6m，垂直方向不应大于 4m。悬挑梁与墙体结构的连接。应预先预埋铁件或留好孔洞，保证连接可靠，不得随便打凿孔洞，破坏墙体。各支点要与建筑物中的预埋件连接牢固。

　　（6）悬挑脚手架在下列部位应采取加固措施：

　　① 架体立面转角及一字形外架两端处；

② 架体与塔吊、电梯、物料提升机、卸料平台等设备需要断开或开口处；

③ 其他特殊部位。

（7）悬挑脚手架的其他搭设要求，按照落地式脚手架规定执行。

（8）脚手架的垂直度要随搭随检查，发现超过允许偏差时，应及时纠正。

6）悬挑脚手架的防护及管理：

（1）悬挑脚手架在施工作业前除须有设计计算书外，还应有含具体搭设方法的施工方案。设计施工荷载应不大于常规取值，即：按三层作业，每层 2.0kN/m²；按两层作业，每层 2.0kN/m²。施工荷载除应在安全技术交底中明确外，还必须在架体上挂限载牌以及操作规程牌。

（2）悬挑脚手架应实施分段验收，对支承结构必须实行专项验收，并应附上隐蔽工程验收单、混凝土试块强度报告。

（3）架体外立杆内侧必须设置 1.2m 高的扶手栏杆，施工层及以下连续三步应设置 180mm 高的挡脚板，架体外侧应用密目式安全网封闭。在架体进行高空组装作业时，除要求操作人员使用安全带外，还应有必要的防止人、物坠落的措施。

7）悬挑脚手架的检查与验收：

脚手架分段或分部位搭设完，必须按相应的钢管脚手架安全技术规范要求进行检查、验收，经检查验收合格后，方可继续搭设和使用，在使用中应严格执行有关安全规程。

脚手架使用过程中要加强检查，并及时清除架子上的垃圾和剩余料，注意控制使用荷载，禁止在架子上过多集中堆放材料。

8）悬挑脚手架的拆除：

悬挑脚手架拆除时，应先拆架体，后拆悬挑支承结构。架体拆除顺序及注意事项同相同结构质式的落地架。悬挑支承结构拆除过程中应注意防坠落及防坠物安全措施。

2. 吊脚手架

1）吊脚手架的简述

吊篮脚手架也称吊脚手架，是通过在建筑物上特设的支承点固定挑梁或挑架，利用吊索悬挂吊架或吊篮进行砌筑或装饰工程施工的一种脚手架，是高层建筑外装修和维修作业的常用脚手架。吊篮可随作业要求进行升降，其动力有手动与电动葫芦两种。目前采用手动吊篮的较多，它具有安拆方便、不占场地、经济实用等特点。吊篮脚手架作为施工外用脚手架，与外墙面满搭钢管脚手架相比，具有搭设速度快、节约大量脚手架材料、节省劳力、操作方便、灵活、技术经济效益较好等优点。

手动吊篮无定型设计，当前由取得建筑机械生产许可的厂家生产，其产品质量必须符合行业标准《建筑施工安全检查标准》和《高处作业吊篮安全规则》的规定。施工单位依据《施工现场及安全防护用具及机械设备使用监督管理规定》使用由建筑安全监督机构推荐的经鉴定合格的吊篮脚手架，无论采用何种吊篮脚手架，都必须对吊篮及挑梁结构进行强度和刚度验算，钢丝绳安全系数验算，并经上级审批。制作及组装搭设时，应加强技术安全监督，严格检查质量，经上级技术、质量、安全部门验收合格后方可投入使用，确保施工安全。

2）吊脚手架的构造及装置

（1）吊篮脚手架的基本构成

① 手动吊篮脚手架

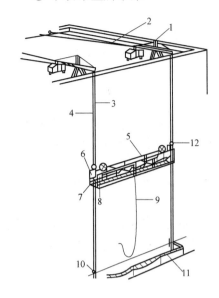

图 1-16 吊篮的设置
1—悬挂结构；2—悬挂机构安全绳；
3—工作钢丝绳；4—安全钢丝绳；
5—安全带及安全绳；6—提升机；
7—悬吊平台；8—电气控制柜；
9—供电电缆；10—绳坠铁；
11—围栏；12—安全锁

手动吊篮脚手架：由支承设施（挑梁或桁架）、吊篮绳、安全绳、安全锁、手扳葫芦和吊篮架等成。吊篮吊挂设置于屋面上的悬挂机构上，图 1-16 中显示了吊篮的常见设置情况。吊篮架由空腹型钢焊接（或锚栓连接）成格构式篮型架（注意：由自制吊篮片和架杆扣件组装而成的吊篮架已禁止使用）。一组吊篮长不得超过 3.0m，宽 0.7~1.0m，外侧及两端防护栏杆高不低于 1.50m，每道栏杆间距不大于 0.50m，挡脚板不低于 0.18m，吊篮内侧必须于 0.60m 和 1.20m 高处各设一道护身栏杆，立杆纵距不得大于 2.0m。脚手板使用 3mm 的钢板或 30mm 厚的木板，龙骨间距小于 0.50m，铺设严密。外侧与两端用 2000 目安全网密封；高度超过 30m 的，还需在吊篮顶部设防护顶棚。

吊篮内侧两端应有可伸缩的护墙轮装置，使吊篮与建筑物在工作状态时能靠紧，以减少架体晃动。

多组吊篮同时使用时，两组吊篮之间的间隙不得大于 0.20m，内侧距墙间隙为 0.10~0.20m。

悬挑吊篮的挑梁宜选用不小于工14 的工字钢，使用 ϕ16mm 的锚环与建筑连接，锚环距挑梁支撑点大于 3.0m，埋入混凝土中长度 $l_a=30d$；一个锚环只能套一根挑梁，两根以上时，应计算核定。挑梁外挑长度即支点至吊点的距离不宜超过 0.70m，外留 0.10m，挑出位置与吊篮吊点保持垂直，保证吊篮稳定。挑梁之间应用纵向水平杆连接成整体，以保证挑梁结构的稳定，挑梁与吊篮吊绳连接端应有防剪防滑脱的防护装置。内、外侧力矩之比应大于 3。

升降吊篮的机具，必须使用推荐的建筑吊篮专用产品。吊索和安全绳均使用 12.5mm 的钢丝绳，绳头用 3 个 U 形卡扣牢，受力绳在内，绳头在外，末端设有安全弯。为防止吊篮倾覆，应设置使吊绳和保险绳始终处在吊篮上方的装置。此外，应根据需要配备超载保护装置、制动器和行程限位装置。

② 电动吊篮

电动吊篮一般均为定型产品，由作业吊篮、电动提升机构、悬挂机构、安全锁及行程限位等组成。如图 1-17 所示。

3）吊脚手架的制作组装

（1）悬挑梁挑出长度应使吊篮钢丝绳垂直地面，并在挑梁两端分别用纵向水平杆将挑梁连接成整体。挑梁必须与建筑结构连接牢靠；当采用压重时，应确认配重的质量，并有固定措施，防止配重产生位移。

（2）吊篮平台可采用焊接或螺栓连接，不允许使用钢管扣件连接方法组装。吊篮平台组装后，应经 2 倍的均布额定荷载试压（不少于 4h）确认，并标明允许载重量。

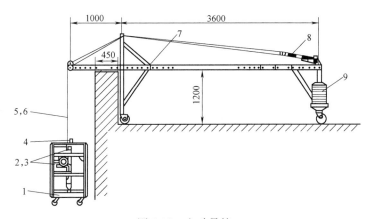

图 1-17 电动吊篮

1—吊篮体；2—提升机；3—安全锁；4—限位开关；5、6—主、辅钢丝绳；
7—台车；8—花篮螺丝；9—配重块

（3）吊篮提升机应符合《高处作业吊篮用提升机》的规定。当采用老型手扳葫芦时，按照《HSS 钢丝绳手扳葫芦》的规定，应将承载能力降为额定荷载的 1/3。提升机应有产品合格证及说明书，在投入使用前应逐台进行动作检验，并按批量做荷载试验。

（4）吊篮安装后应进行荷载试验和试运行验收，确保操纵系统、上下限位、提升机、手动滑降、安全锁的手动锁绳灵活可靠。使用前必须经建设行政主管部门委托的检测机构检测，合格后方可投入使用。

4）电动吊篮的施工要点

（1）电动吊篮在现场组装完毕，经检查合格后，运到指定位置，接上钢丝绳和电源试车，同时由上部将吊篮绳和安全绳分别插入提升机构及安全锁中，吊篮绳一定要在提升机运行中插入。

（2）接通电源时，要注意电动机运转方向，使吊篮能按正确方向升降。

（3）安全绳的直径不小于 12.5mm，不准使用有接头的钢丝绳，封头卡扣不少于 3 个。

（4）支承系统的挑梁采用不小于 14 号的工字钢。挑梁的挑出端应略高于固定端。挑梁之间纵向应采用钢管或其他材料连接成一个整体。

（5）吊索必须从吊篮的主横杆下穿过，连接夹角保持 45°，并用卡子将吊钩和吊索卡死。

（6）承受挑梁拉力的预埋铁环，应采用直径不小于 16mm 的圆钢，埋入混凝土的长度大于 360mm，并与主筋焊接牢固。

5）吊脚手架的检查验收

（1）在吊篮脚手架使用前，必须进行项目的检查，检验合格后方可使用。

（2）屋面支承系统的悬挑长度是否符合设计要求，与结构的连接是否牢固可靠，配套的位置和配套量是否符合设计要求。

（3）检查吊篮绳、安全绳、吊索。

（4）5 级及 5 级以上大风及大雨、大雪后应进行全面检查。

（5）无论是手动吊篮还是电动吊篮，搭设完毕后都要由技术、安全等部门依据相关规范、标准和经审批的设计方案进行验收，验收合格后方可使用。

6）吊脚手架的拆除

吊篮脚手架安装拆除之前，由施工负责人按照施工方案要求，针对队伍情况进行详细交底、分工并确定指挥人员。

吊篮脚手架拆除顺序：将吊篮逐步降至地面→拆除提升装置→抽出吊篮绳→移走吊篮→拆除挑梁→解掉吊篮绳、安全绳→等挑梁及附件吊送到地面。

7）吊脚手架的施工要点

吊篮操作人员必须对吊篮的机构和性能有所了解；熟练掌握吊篮操作要领才能上岗操作。吊篮在使用时还必须配置保险绳（每人1根），并且保险绳的悬挂必须与起升绳和安全绳分开。在吊篮实施作业时，应确定一名安装维修人员进行监护。要严格按吊篮安全技术操作规程去操作，要做到：

（1）每天作业前要进行检查，包括：

① 检查吊篮平台和悬挂机构各节点螺栓是否完好、紧固；

② 检查屋面悬挂机构、配重等是否有倾斜、移位、掉落等现象；

③ 查安全锁是否可靠；

④ 检查爬升绳和安全绳，不得粘有油脂、砂浆或泥土等杂物和出现异常情况；

⑤ 检查保险绳是否有损坏，有损坏必须立即更换，悬挂不当要立即整改。

（2）严禁吊篮操作人员在酒后作业；在吊篮内操作的所有人员必须系好安全带，安全带挂在保险绳锁扣上，锁扣套在保险绳上随保险绳上下。

（3）吊篮爬升、下降时应密切注意墙面情况和机械运转情况，发现异常，应立即停机；待排除异常情况后，方可重新开机；吊篮到达作业位置开始墙面作业前，要停止升降，关闭电源以防止机构误动作发生意外。

（4）在吊篮内进行电焊作业时，应做好绝缘保护，严禁将搭接线搭在起升绳或安全绳上。

（5）清除墙面上的障碍物，如伸出墙面的短钢筋，应在吊篮第一次上行前即行清除；要在墙面上加装物件，在最后一次下行前完成。

（6）遇5级以上大风及雨雪后冰冻天气停止作业。在大风、大雨、大雪等恶劣天气过后，施工人员要全面检查吊篮，保证安全使用。

3. 外挂脚手架

外挂脚手架是采用型钢焊制成定型刚架，用挂钩等措施挂在建筑结构内预先埋设的钩环或预留洞中穿设的挂钩螺栓，随结构施工逐层往上提升，直至结构完成。外挂脚手架结构简单，装拆方便，耗工用料较少，架子轻便，可用塔吊移置，施工快速，费用低，在外装修阶段可以改成吊篮使用，较为经济实用。但由于稳定性差，如使用不当易发生事故。目前主要用于多层建筑的外墙粉刷、勾缝等作业。由于外挂脚手架安全系数不高，国家已不提倡使用。

1）外挂脚手架搭设安全技术

（1）操作人员必须持证上岗，遵守安全操作规程，不违章作业，不酒后作业。

（2）脚手架设置在柱子或墙上，施工时按设计事先预埋钢筋铁环或特制的铁埋件。使用前要认真检查是否牢固。

（3）环距门窗两侧不得小于24cm，60cm的间墙只准设一个挂环，最上一个挂环要设在顶板下不小于75cm处。

（4）挂架间距：水平方向一般不大于2m，垂直方向三角形挂架一般为1.5m，矩形挂架为 3.6m 。

(5) 挂架需上下翻架时，另备一套挂架，轮流周转使用。

(6) 安拆挂架时，应两人配合操作，插销插牢，支承钢板紧靠墙面。

(7) 挂架铺满跳板并锁牢，转角处挂架应与脚手架杆连成平台。

(8) 挂架外侧及端部必须绑两道不低于 1.5m 高的防护栏杆并满挂围网。

(9) 工作中发现不安全因素，应暂停作业，并立即报告，消险后再进行作业。

2) 外挂脚手架使用安全管理技术

(1) 外挂架的负载较轻，严禁超载使用。

(2) 吊装人员要相对固定，施工时必须有"技术安全书面交底书"。

(3) 吊装就位要平稳、准确、不碰撞、不兜挂，遇有 5 级风时停止作业。

(4) 上下挂架以及操作时，动作要轻，不得从高处跳到挂架上。

(5) 经常检查螺母是否松动，螺杆、安全网、吊具是否损坏，如有异常，及时处理。

(6) 模板施工时，待模板调整完毕后，斜支撑不得受力于外挂架。

4. 挑、吊、挂脚手架搭设的安全控制要点

1) 挑、吊、挂脚手架搭设作业应编制专项施工方案，严格按照设计要求和规定程序进行搭设和拆除作业；

2) 挑梁、挑架等悬挑支承构架应采用机械吊装方式进行安装，挑梁、挑架与结构的附着必须固定牢固；

3) 用杆件组装方式搭设挑架子构造时，上架人员必须要有保证安全作业的条件；

4) 搭设作业过程中，应及时装设整体性拉结杆件；

5) 拆卸作业应严格按照方案拟定的技术措施按顺序进行；

6) 整体安装和拆除的脚手架，在安装和拆除之前应严格检查。

1.6.6 移动式脚手架

移动脚手架指施工现场为工人操作并解决垂直和水平运输而搭设的各种支架。它具有装拆简单，承载性能好，使用安全可靠等特点，发展速度很快，移动脚手架在各种新型脚手架中，开发最早，使用量也最多。移动脚手架由美国首先研制成功，至 20 世纪 60 年代初，欧洲、日本等国家先后应用并发展这类脚手架。我国从 20 世纪 70 年代末开始，先后从日本、美国、英国等国家引进并使用这种脚手架。

1. 主要特点

移动脚手架是以门架、交支撑、连接棒、挂扣式脚手板或水平架、锁臂等组成基本结构，便于施工。见图 1-18。

2. 移动式脚手架的搭设要求

1) 施工中应注意不配套的门架与配件不得混合使用于同一脚手架。搭完一步架后，应检查并调整其水平度与垂直度。

2) 移动式脚手架内外两侧均应设置交叉支撑并与脚手架立杆上的锁销锁牢。

3) 移动式脚手架操作平台的面积不宜超过 10m², 高度不宜超过 5m, 荷载不宜超过 1.5kN/m², 并应采取措施减少立柱的长细比。

4) 在脚手架的操作层上应连续满铺与脚手架配套的挂扣式脚手板，并扣紧挡板，防

图 1-18　移动脚手架形式

止脚手板脱落。

　　5）移动式脚手架的行走脚轮和导向脚轮应配有使脚轮切实固定的措施，架体立柱底部离地面不得超过 80mm，且平台就位后，平台四角底部与地面应设置垫衬。

　　6）移动式脚手架操作平台高度超过平台架体立柱主轴间距 3 倍时，为防止架体结构部件水平结构平面内变形等，可采用型钢结构、加宽操作平台底脚的间距等措施。

　　7）当脚手架高度超过 20m 时，应在脚手架外侧每隔 4 步设置一道水平加固杆，并宜在有连墙件的水平层设置；设置纵向水平加固杆应连续，并形成水平闭合圈。

　　8）在脚手架的底步门架下端应加封口杆，门架的内、外两侧应设通长扫地杆；水平加固杆应采用扣件与门架立杆扣牢。

3. 移动式脚手架使用规定

　　1）移动式脚手架架体必须保持直正，不得弯曲变形，脚轮的制动器除在移动情况外，均应保持在制动状态；

　　2）脚手架在移动前，应将架上的物品（材料、物料、工器具等）和垃圾清除干净，并有可靠的防止脚手架倾倒的措施；

　　3）使用移动脚手架的场地、四角必须平整；

　　4）拆除脚手架前，应清除脚手架上的材料、工具和杂物；

　　5）移动式脚手架在施工中，不得在倾斜、移动状态时上下人或载人移动；

　　6）平台应设置在靠近作业场所的位置，在平台上操作，应尽可能减少偏心承载、集中荷载和水平方向冲击负载；

　　7）对脚手架应设专人进行经常检查和维修工作。

1.6.7　附着式升降脚手架

　　附着式升降脚手架（简称爬架）是一种专门用于高层建筑施工的脚手架。它附着在建筑结构上，依靠脚手架的自身构造，以电动葫芦为升降设备，对脚手架进行升降操作，可以满足结构工程和外墙装饰施工对脚手架的要求。

1. 附着式升降脚手架的构造、类型

　　爬架可分为挑梁式、互爬式、套管式和导轨式四类。

1）挑梁式爬架（见图 1-19）以固定在结构上的挑梁为支点来提升支架。

2）互爬式爬架（见图 1-20）是相邻两支架互为支点交错升降。

3）套管式爬架（见图 1-21）通过固定框和活动框的交替升降来带动支架升降。

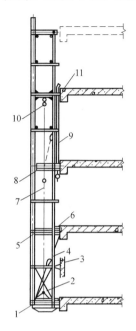

图 1-19 挑梁式爬架图

1—承力托盘；2—基础架（承力桁架）；3—导向轮；

4—可调拉杆；5—脚手板；6—连墙件；7—提升设备；

8—提升挑梁；9—导向杆（导轨）；10—小葫芦；11—导杆滑套

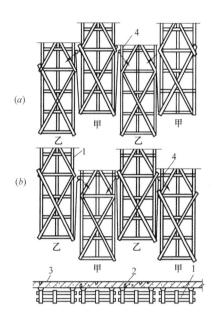

图 1-20 互爬式爬架

1—提升单元；2—提升横梁；

3—连墙支座；4—手拉葫芦

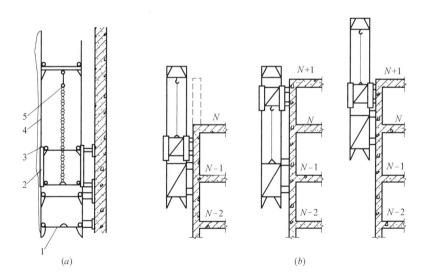

图 1-21 套管式爬架基本构造及升降原理

（a）套管式爬架基本结构；（b）爬架的升降原理

1—固定框（大爬架），$\phi 48 \times 3.5$mm 钢管焊接；2—滑动框（小爬架），$\phi 63.5 \times 4$mm 钢管焊接；

3—纵向水平杆，$\phi 48 \times 3$mm 焊接钢管；4—安全网；5—提升机具（葫芦）

4）导轨式爬架（见图1-22）把导轨固定在建筑物上，支架沿着导轨升降。

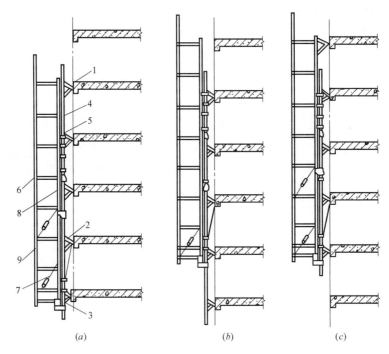

图1-22　导轨式爬架构造
(*a*) 爬升前；(*b*) 爬升后；(*c*) 再次爬升前
1—连接挂板；2—连墙杆；3—连墙杆座；4—导轨；5—限位锁；
6—脚手架；7—斜拉钢丝绳；8—立杆；9—横杆

2. 爬架的检查

1）检查内容与操作检查：

（1）工程结构混凝土强度应达到附着支承对其附加荷载的要求；

（2）全部附着支承点的安装符合设计规定，严禁少装附着固定连接螺栓和使用不合格螺栓；

（3）各项安全保险装置全部检验合格；

（4）电源、电缆及控制柜等的设置符合用电安全的有关规定；

（5）升降动力设备工作正常；

（6）同步及荷载控制系统的设置和试运效果符合设计要求；

（7）架体结构中采用普通脚手架杆件搭设的部分，其搭设质量达到要求；

（8）各种安全防护设施齐备并符合设计要求；

（9）各岗位施工人员已落实；

（10）附着升降脚手架施工区域应有防雷措施；

（11）附着升降脚手架应设置必要的消防及照明设施；

（12）同时使用的升降动力设备、同步与荷载控制系统及防坠装置等专项设备，应分别采用同一厂家、同一规格型号的产品；

（13）动力设备、控制设备、防坠装置等应有防雨、防砸、防尘等措施；

（14）其他需要检查的项目。

2）附着升降脚手架升降到位架体固定后检查项目附着升降脚手架升降到位架体固定后，办理交付使用手续前，必须通过以下检查项目：

（1）附着支承和架体已按使用状况下的设计要求固定完毕；所有螺栓连接处已拧紧；各承力件预紧程度应一致；

（2）碗扣和扣件接头无松动；

（3）所有安全防护已齐备；

（4）其他必要的检查项目。

3）升降操作检查：

（1）升降作业：

① 严格执行升降作业的程序规定和技术要求；

② 严格控制并确保架体上的荷载符合设计规定；

③ 所有妨碍架体升降的障碍物必须拆除；

④ 所有升降作业要求解除的约束必须拆开；

⑤ 严禁操作人员停留在架体上，特殊情况确实需要上人的，必须采取有效安全防护措施，并由建筑安全监督机构审查后方可实施；

⑥ 应设置安全警戒线，正在升降的脚手架下部严禁有人进入，并设专人负责监护；

⑦ 严格按设计规定控制各提升点的同步性，相邻提升点间的高差不得大于 30mm，整体架最大升降差不得大于 80m；

⑧ 升降过程中应实行统一指挥、规范指令。升、降指令只能由总指挥一人下达，但当有异常情况出现时，任何人均可立即发出停止指令；

⑨ 采用环链葫芦作升降动力的，应严密监视其运行情况，及时发现、解决可能出现的翻链、绞链和其他影响正常运行的故障；

⑩ 附着升降脚手架升降到位后，必须及时按使用状况要求进行附着固定。在没有完成架体固定工作前，施工人员不得擅自离岗或下班。未办交付使用手续的，不得投入使用。

（2）下降作业与上升操作相反，先将提升挂座挂在下面一组导轮的上方位置上，待支架下降到位后，再将上部导轨拆下，安装到底部。

3. 爬架的质量控制与验收

1）爬架制作加工质量控制与验收：

（1）爬架构配件的制作，必须具有完整的设计图纸、工艺文件、产品标准和产品质量检验规则；制作单位应有完善有效的质量管理体系，确保产品质量。

（2）制作构配件的原、辅材料的材质及性能应符合设计要求，并按规定对其进行验证和检验。

（3）加工构配件的工装、设备及工具应满足构配件制作精度的要求，并定期进行检查。工装应有设计图纸。

（4）爬架构配件的加工工艺应符合现行有关标准的相应规定，所用的螺栓连接件严禁采用板牙套丝或螺纹锥攻丝。

（5）爬架构配件应按照工艺要求及检验规则进行检验。对附着支承结构、防倾防坠装置等关键部件的加工件要有可追溯性标识,加工件必须进行100％检验。构配件出厂时,应提供出厂合格证。

2）爬架的架体尺寸应规定:

(1) 架体高度不应大于5倍楼层高;

(2) 架体宽度不应大于1.2m;

(3) 直线布置的架体支承跨度不应大于5m;折线或曲线布置的架体支承跨度不应大于5.4m;

(4) 整体式附着升降脚手架架体的悬挑长度不得大于1/2水平支承跨度和3m;单片式附着升降脚手架架体的悬挑长度不应大于1/4水平支承跨度;

(5) 升降和使用工况下,架体悬臂高度均不应大于6.0m和2/5架体高度;

(6) 架体全高与支承跨度的乘积不应大于110m²。

3）爬架架体结构规定:

(1) 架体必须在附着支承部位沿全高设置定型加强的竖向主框架,竖向主框架应采用焊接或螺栓连接的片式框架或格构式结构,并能与水平梁架和架体构架整体作用,且不得使用钢管扣件或碗扣架等脚手架杆件组装。竖向主框架与附着支承结构之间的导向构造不得采用钢管扣件、碗扣架或其他普通脚手架连接方式;

(2) 架体水平梁架应满足承载和与其余架体整体作用的要求,采用焊接或螺栓连接的定型桁架梁式结构;当用定型桁架构件不能连续设置时,局部可采用脚手架杆件进行连接,但其长度不能大于2m,并且必须采取加强措施,确保其连接刚度和强度不低于桁架梁式结构。主框架、水平梁架的各节点中,各杆件的轴线应汇交于一点;

(3) 架体外立面必须沿全高设置剪刀撑,剪刀撑跨度不得大于6.0m;其水平夹角为45°～60°,并应将竖向主框架、架体水平梁架和构架连成一体;

(4) 悬挑端应以竖向主框架为中心成对设置对称斜拉杆,其水平夹角应不小于45°;

(5) 单片式附着升降脚手架必须采用直线形架体。

4）架体结构可靠构造措施架体结构在以下部位应采取可靠的加强构造措施:

(1) 与附着支承结构的连接处;

(2) 架体上升降机构的设置处;

(3) 架体上防倾、防坠装置的设置处;

(4) 架体吊拉点设置处;

(5) 架体平面的转角处;

(6) 架体因碰到塔吊、施工电梯、物料平台等设施而需要断开或开洞处;

(7) 其他有加强要求的部位。

5）附着支承结构规定附着支承结构必须满足附着升降脚手架在各种工况下的支承、防倾和防坠落的承力要求,其设置和构造应符合以下规定:

(1) 附着支承结构采用普通穿墙螺栓与工程结构连接时,应采用双螺母固定,螺杆露出螺母应不少于3扣。垫板尺寸应设计确定,且不得小于80mm×80mm×80mm;

(2) 当附着点采用单根穿墙螺栓锚固时,应具有防止扭转的措施;

(3) 附着构造应具有对施工误差的调整功能,以避免出现过大的安装应力和变形;

(4) 位于建筑物凸出或凹进结构处的附着支承结构应单独进行设计,确保相应工程结构和附着支承结构的安全；

（5）对附着支承结构与工程结构连接处混凝土的强度要求应按计算确定，并不得小于 C10；

（6）在升降和使用工况下，确保每一架体竖向主框架能够单独承受该跨全部设计荷载和倾覆作用的附着支承构造均不得少于 2 套。

6）爬架的防倾装置规定：

爬架的防倾装置必须与竖向主框架、附着支承结构或工程结构可靠连接，并遵守以下规定：

（1）防倾装置应用螺栓同竖向主框架或附着支承结构连接，不得采用钢管扣件或碗扣方式；

（2）在升降和使用两种工况下，位于在同一竖向平面的防倾装置均不得少于 2 处，并且其最上和最下一个防倾覆支承点之间的最小间距不得小于架体全高的 1/3；

（3）防倾装置的导向间隙应小于 5mm。

7）爬架的防坠装置规定：

爬架的防坠装置必须符合以下要求：

（1）防坠装置应设置在竖向主框架部位，且每一竖向主框架提升设备处必须设置 1 个；

（2）防坠装置必须灵敏、可靠，其制动距离对于整体式附着升降脚手架不得大于 50mm，对于单片式附着升降脚手架不得大于 150mm；

（3）防坠装置应有专门详细的检查方法和管理措施，以确保其工作可靠、有效；

（4）防坠装置与提升设备必须分别设置在两套附着支承结构上，若有一套失效，另一套必须能独立承担全部坠落荷载。

8）爬架的安全防护措施：

附着升降脚手架的安全防护措施应满足以下要求：

（1）架体外侧必须用密目安全网（≥800 目/100cm²）围挡；密目安全网必须可靠固定在架体上；

（2）架体底层的脚手板必须铺设严密，且应用平网及密目安全网兜底。应设置架体升降时底层脚手板可折起的翻板构造，保持架体底层脚手板与建筑物表面在升降和正常使用中的间隙，防止物料坠落；

（3）在每一作业层架体外侧必须设置上、下两道防护栏杆（上杆高度 1.2m，下杆高度 0.6m）和挡脚板（高度 180mm）；

（4）单片式和中间断开的整体式附着升降脚手架，在使用情况下，其断开处必须封闭并加设栏杆；在升降工况下，架体开口处必须有可靠的防止人员及物料坠落的措施。

9）爬架其他规定：

（1）附着升降脚手架应具有足够强度和适当刚度的架体结构；应具有安全可靠的能够适应工程结构特点的附着支承结构；应具有安全可靠的防倾覆装置、防坠落装置；应具有保证架体同步升降和监控升降荷载的控制系统；应具有可靠的升降动力设备；应设置有效的安全防护，以确保架体上操作人员的安全，并防止架体上的物料坠落伤人。

（2）物料平台必须将其荷载独立传递给工程结构。在使用工况下，应有可靠措施保证物料平台荷载不传递给架体。物料平台所在跨的附着升降脚手架应单独升降，并应采取加强措施。

（3）附着升降脚手架的升降动力设备应满足附着升降脚手架使用工作性能的要求，升降吊点超过两点时，不能使用手拉葫芦。升降动力控制台应具备相应的功能，并应符合相应的安全规程。

（4）同步及荷载控制系统应通过控制各提升设备间的升降差和控制各提升设备的荷载来控制各提升设备的同步性，且应具备超载报警停机、欠载报警等功能。

（5）爬架在升降过程中，必须确保升降平稳。

4. 爬架的拆除

将脚手架降至底面后，逐层拆除支架各杆配件和导轨等爬升机构构件；拆除下来的构配件应集中堆放，清理保养后入库。爬架的拆卸工作必须按专项施工组织设计及安全操作规程的有关要求进行。拆除工作前应对施工人员进行安全技术交底，拆除时应有可靠的防止人员与物料坠落的措施，严禁抛扔物料。拆下的材料及设备要及时进行全面检修保养，出现以下情况之一的，必须予以报废：

1）焊接件严重变形且无法修复或严重锈蚀；

2）导轨、附着支承结构件、水平梁架杆部件、竖向主框架等构件出现严重弯曲；

3）螺栓连接件变形、磨损、锈蚀严重或螺栓损坏；

4）弹簧件变形、失效；

5）钢丝绳扭曲、打结、断股，磨损断丝严重，达到报废规定；

6）其他不符合设计要求的情况。

5. 爬架的施工安全技术

在爬架设计中，其安全性和适用性是产品的最基本的要求。爬架的安全性主要包括：爬架附着可靠性，在施工状态下对额定施工荷载及风载影响下的安全度；在升降状态下爬架运行的同步性、稳定性；在不安全因素发生时（如动力失效等），对运行中爬架的可监测和防倾防坠保障。

一般有资质的专业从事爬架安装施工服务的企业，有符合实际施工需要的一套适合爬架专项工程施工的管理体系，有一批具有一定专业水平的技术队伍和专业施工队伍，各项规章制度和安全保障体制相对较齐全且切合实际，特别是施工现场的安全技术管理。专业化施工单位与总包单位一起，充分交流，取长补短，互相配合，保证施工安全和施工质量。

具体来说，爬架施工安全技术主要包括以下内容：

1）严格按照施工方案的要求作业。

2）架体按规范搭设剪刀撑，每层满铺脚手板，设高度不少于 180mm 的踢脚板。

3）落实架体安全防护设施，离建筑物的间隙控制在 200mm 之内，间隙设活动盖板遮盖。

4）保证架体高出工作面的规范高度，以满足施工安全防护要求。

5）提升、降落统一指挥，各岗位人员必须坚守岗位，不得擅自离岗。

6）总控制开关人员必须服从总指挥调度，除总指挥外，任何人不得指挥控制台的工作。

7）提升前全面检查并清除一切障碍物，提升后全面检查各部件连接是否符合要求。

8）验收合格方可进行作业，未经验收或验收不合格不准做下一道工序作业。

9）爬架的安装及升降操作人员属特种作业人员，必须经过专业培训及专业考试，合格后发给证书，持证上岗、确定岗位，建立岗位责任制。

10）爬架的使用人员必须为持证上岗的人员，熟悉附着式升降脚手架的正确使用方法。

11）爬架的施工人员，上岗前须接受安全教育，避免出现违章蛮干现象。

12）高处及悬空作业人员必须体质良好，并需定期进行体格检查。

13）爬架安装、升降、拆除时应设安全警戒区、划定警戒线，并派专人监护。

14）升降过程中要有专人指挥、协调。

15）施工时，脚手架严禁超载。物料堆放要均匀，避免荷载过于集中。

16）施工人员严禁随意拆除各种杆件及其他安全防护设施。

17）在脚手架上作业时，应注意随时清理堆放、掉落在架子上的材料，保持架面上规整清洁，不要乱放材料、工具，以免发生坠落伤人。

18）在脚手架上需要用力操作时，要注意站稳，并用手抓牢稳固的结构或支持物，以免用力过猛，使身体失去平衡而坠落。

1.6.8 其他脚手架施工技术

在这里主要介绍插口式脚手架。

插口式脚手架（又称插口架），实际上是悬挂外脚手架的一种特殊形式，它是利用建筑结构的外墙门窗孔洞或者框架柱间空隙，在结构内侧附加别杠或别环，将架子挂住，架子可随着结构施工逐层往上提升。插口架子多用于外挂（预）内浇大模板剪力墙高层建筑结构施工，也可用于框架剪力墙、框筒或筒中筒结构的高层建筑结构施工。

1. 插口式脚手架构造要求

1）插口架一般最大长度不超过 8m，宽度为 0.8～0.1m。当插口架工作平台超过一个楼层（层高不大于 4m）高度时，其超过部分必须逐层与建筑物结构进行固定，见图 1-23。

2）一般插口架的立杆，纵向间距不得大于 2m，插入窗口臂架中的上臂与窗口内立杆必须卡牢，并在相靠处附加扣件。

3）用于插口架的钢或木别杠的断面尺寸，应通过计算确定，一般木别杠不应小于 100mm×100mm，每侧压墙长度不应小于 200mm，别杠与墙之间空隙必须用木楔背紧。插口架外侧的护身栏高度必须超过操作层面 1m 以上，并设挡脚板，外侧用安全网封严。

4）支承脚手板的横杆间距：当采用 30mm 厚木脚手板时，横杆间距不应大于 50mm；当采用 50mm 厚木脚手板时，横杆间距不应大于 1m，脚手板与横杆之间应牢固固定，横杆与纵杆之间也应牢固固定。各杆件端头伸出扣件不应小于 100mm，插口架的外侧面和两端应设剪刀撑或斜撑，以保证脚手架形成稳定的空间结构。

2. 插口式脚手架施工要点

1）插口架提升前要将架子清理干净，设专人指挥。在作业人员未离开插口架前，不应拆除与建筑物结构固定的一切措施。

2）当插口架用起重机吊运安装就位时，必须用卡环卡牢，待插口架与建筑物结构全

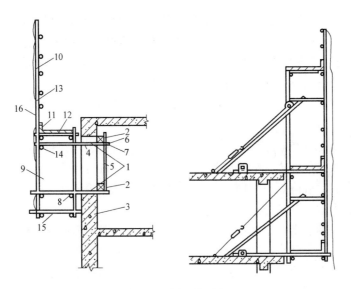

图 1-23 插口脚手架

1—插口架臂架；2—别杠；3—外墙；4—上臂；5，10—立杆；6，7—扣件；
8，14—纵向水平杆；9—甲型插口件；11—挡脚板；12—工作平台；
13—正面斜撑；15—横向水平杆；16—安全网

部固定牢固后，方能上人脱钩。

3）安装时相邻脚手架的间隙不应大于 200mm 。间隙处应用盖板封严，并固定严紧。

4）插口架外围（包括两端），均应用安全网封严。

1.6.9 脚手架搭设、拆除专项安全技术方案

1. 需编制安全专项施工方案的有

1）涉及危险性较大的分部分项工程的脚手架：

（1）搭设高度 24m 以上的落地式钢管脚手架工程；

（2）附着式整体和分片提升脚手架；

（3）悬挑式脚手架工程；

（4）吊篮式脚手架工程；

（5）自制卸料平台、移动操作平台工程；

（6）新型及异形脚手架工程。

2）需经专家论证的脚手架工程：

（1）搭设高度 50m 及以上的落地式钢管脚手架工程；

（2）提升高度 150m 及以上附着式整体和分片提升脚手架；

（3）架体高度 20m 及以上悬挑式脚手架工程。

2. 脚手架搭拆施工的专项方案应包括的内容

1）工程概况、设计依据、搭设条件、搭设方案设计；

2）搭设施工图：

（1）架体的平、立、剖面图；

（2）脚手架连墙件的布置及构造图；

（3）脚手架转角、通道口的构造图；

（4）脚手架斜梯布置及构造图；

（5）重要节点构造图；

（6）基础做法及要求；

（7）架体搭设及拆除的程序和方法；

（8）季节性施工措施；

（9）质量保证措施；

（10）架体搭设、使用、拆除的安全技术措施；

（11）设计计算书。

3）脚手架方案编制要点说明：

为增强脚手架方案编制的针对性、实效性，提高和优化项目现场施工作业环境，提高脚手架方案编制和审批效率，现将有关要点予以说明，请予以重视、理解和采纳。

（1）重点突出脚手架各种构造材料的进场验收、建立台账、抽样复检等要求。悬挑架、落地架的各种构配件材料进场均按《建筑施工扣件式钢管脚手架安全技术规范》、《建筑施工安全技术统一规范》等文件要求进行验收、检查合格后方能使用。

（2）工程概况增强方案针对性，避免所有方案千篇一律，而应结合项目建筑物的实际尺寸和空间情况予以说明：

① 外墙装饰做法的构造形式、立面变化和细部节点；

② 建筑物层高、中间凸出结构、连廊等尺寸，各建筑物最顶部标高；

③ 构筑物周边可供连墙拉结的竖向结构情况；

④ 特殊部位的描述：悬挑与内收、错层与镂空部位、建筑物转角、电梯井、施工电梯部位等；

⑤ 型钢悬挑楼层的楼板厚度、配筋和混凝土强度；

⑥ 落地式脚手架的立杆支撑面情况。

4）架体布置的可施工性。

5）关于钢丝绳卸载的具体要求。必须有明确具体可靠的构造、施工（调紧装置应可靠完善、有足够的调节空间）与监测措施，确保所有钢丝绳同时均衡受荷，真正起到卸荷的要求。拉吊点处应至少采用双扣件，扣件螺栓拧紧力矩应全数检查，增强日常的检查，严禁出现钢丝绳拉吊外架处发生扣件滑移的现象。

6）注重完善各类电梯井内脚手架搭设。出现分段搭设时分段高度应根据计算确定，并满足《建筑施工扣件式钢管脚手架安全技术规范》（JGJ 130—2011）及上述的搭设高度的要求。立杆支撑面除钢筋混凝土板外，其他各段则应采用≥16号工字钢（具体工字钢型号视跨度等计算确定）为立杆支撑面，工字钢两端应伸入电梯井壁剪力墙或连梁顶固定，其他构造做法同悬挑脚手架。立杆纵横距应≤1.2m，水平杆两端应与墙柱或梁侧顶紧。同时，还应注意做好电梯井内的水平防护。

7）脚手架监控监测。完善施工过程中的监控监测措施，悬挑脚手架与落地脚手架在水平方向的交界处、施工电梯部位、大悬挑处及其他的特殊构造部位均应设置监测点，加强变形监测，在方案中绘制监测点平面布置图。

8）关于悬挑脚手架的要点强调：

（1）方案应明确相应的构造方式，在方案中避免出现"……或……"等选择性词句，如应明确悬挑工字钢的具体锚固设置方式，属于钢筋拉环锚固或是U形螺栓锚固，有的方案中摘抄其他方案内容，往往对两种锚固方式一并提及，这会给现场施工带来混乱，难以安排实际施工。

（2）悬挑钢梁根据悬挑长度而确定型号：首先悬挑钢梁必须采用整根型钢制作，不得使用接长后的型钢。型钢悬挑长度≤1.5m时采用16号工字钢；型钢悬挑长度＞1.5m且≤1.9m时采用18号工字钢；型钢悬挑长度＞1.9m且≤2.1m时采用20号工字钢；型钢悬挑长度＞2.1m且≤2.4m时采用22号工字钢；型钢悬挑长度＞2.4m且≤3m时采用25号工字钢。

（3）悬挑脚手架的节点大样图要求。包括型钢悬挑梁的构造大样图、预埋U形拉环或螺栓、吊环连接节点等，应按比例绘制并标注尺寸和构件名称，如：吊环、钢丝绳、工字钢、立杆定位脚、拉吊点防滑节、钢筋拉环、木楔等。

9）安全文明施工环节：

（1）注重完善脚手架防雷和防火的专项措施；

（2）对于内立杆与建筑物的空档处应设置内挡防护措施。

1.7 应急救援管理

1.7.1 概述

建筑安装作为建筑施工行业的重要组成部分，面临着较高的施工风险，为了保护企业从业人员在生产经营活动中的身体健康和生命安全，积极应对可能发生的生产安全事故，并保证企业在出现生产安全事故时，有序高效地组织开展应急救援，采取最有效的方法抢救被困人员或自救，最大限度地降低生产安全事故给企业和从业人员所造成的损失，维护企业和社会稳定，保护企业员工的身体健康和生命安全，掌握基本的应急救援技术显得尤为重要。

1）应急救援法律法规：

(1)《生产安全事故应急预案管理办法》（国家安全生产监督管理总局第88号令）。

(2)《生产经营单位生产安全事故应急预案编制导则》（GB/T 29639—2013）。

2）应急救援组织体系：应急救援组织应由企业主要负责人主持全面工作，主管领导负责组织应急救援协调指挥工作，安全生产监督管理部门负责应急救援实施工作，技术部门、生产管理部门、人力资源部门、行政保卫部门和工会应参与应急救援的实施工作。

3）应急救援运作机制：建筑安装施工现场应指定兼职应急救援人员，其中包括：现场主要负责人、安全专业管理人员、技术管理人员、生产管理人员、人力资源管理人员、行政保卫、工会以及应急救援所必需的水、电、脚手架登高作业、机械设备操作等专业人员。

4）应急救援保障系统：生产安全事故应急救援组织应具备现场救援救护基本技能，定期进行应急救援演练；配备必要的应急救援器材和设备，系统通信保障物资与装备和应急财务保障等，保证应急救援时正常运转。

1.7.2 火灾事故应急救援技术

1）火灾事故初期救援的方法

（1）一般固体可燃物（木材、棉、毛、建筑物等）着火，在1～2min内，燃烧的面积不大，火焰不高，火势比较缓慢，是火灾的初起阶段。这时，如及时报警，现场义务消防队利用水龙带和干粉灭火器采取正确的扑救方法——降温灭火法和抑制灭火法，就能扑灭初起火灾或使火灾得到控制（可用水或ABC干粉灭火器进行扑救）。

（2）易燃、可燃液体、可熔化固体物质火灾，如汽油、煤油、柴油等矿物油类、醇类、脂类等着火，在及时报警的同时现场义务消防队应采用正确的灭火方法，一般可采用窒息灭火法和抑制灭火法，选用适当的灭火工具（如：沙子、金属板、不燃难燃材料及干粉）积极扑救，不能用水扑救。如果此类物品在密闭的仓库（房间）内起火，未准备好充足的灭火器材，不要打开门窗，防止空气流通，扩大火势。

（3）可燃气体火灾。如煤气、天然气、甲烷、乙烷、丙烷等着火，在立即报警的前提下，现场义务消防队扑救时可采用隔离灭火法如关闭阀门，阻止可燃气体、液体流入燃烧区。

（4）电气引起的火灾，应首先切断电源，在带电情况下，可以用干粉灭火器，严禁用水救火。

（5）发生爆炸事故时，应向内部、外部同时报警，并组织专业人员进行扑救，禁止非专业人员盲目救火，救火前必须准备好防毒器具、安全帽和照明工具。为防止二次爆炸，应尽快将未爆炸的易燃、易爆物品搬到安全地带，或将其降温。

2）火灾中的疏散自救

（1）加强防护，安全疏散。一旦在火场上发现或意识到可能被烟火围困，应披上湿棉被等，用毛巾或口罩捂住口、鼻，低姿势匍匐通过雾区（但石油液化气或城市煤气火灾时不应采用匍匐前进模式）。

（2）烟火封路，滑绳脱险。当正常通道已被烟火切断时，可利用绳子或将床单撕开连接起来，拴在室内牢固的物体上，顺绳子或布条下到安全楼层。切记不要使用电梯，以免突然断电被困在电梯里。

（3）退至室内，呐喊求救。在各种通道都被切断，可以退到未燃烧房间，关闭门窗，可以跑到窗口、阳台呼救。如火势猛烈可将户门缝塞严往上泼水，在无计可施的情况下，要趴在窗根下或墙边等待救援。

（4）如果身上衣服着火，不要穿着衣服乱跑动，不要用手去拍打，应迅速将衣服脱下，或撕下，或就地翻滚，可能的话迅速跳入水中。

3）火灾中的急救

（1）火烧伤急救。火场烧伤处理当务之急是尽快消除皮肤受热。①用清水或自来水充分冷却烧伤部位；②用消毒纱布或干净布等包裹伤面；③伤员发生休克时，可用针刺或使用止痛药止痛；对呼吸道烧伤者，注意疏通呼吸道，防止异物堵塞；④伤员口渴时可饮少量淡盐水；紧急处理后可使用抗生药物，预防感染。

（2）化学物品烧伤急救。当受到酸、碱、磷等化学物品烧伤时，最简单、最有效的处理办法是，用大量清洁冷水冲洗烧伤人员，一方面可冲洗掉化学物品，另一方面可使伤者局部毛细血管收缩，减少化学物品的吸收。

（3）吸入有毒气体急救。①中毒者抢救出来后，放在空气新鲜、流通的地方实施抢救；②伤员停止呼吸时，应立即进行人工呼吸，可能时供给氧气，并迅速送往医院。

1.7.3 触电事故应急救援技术

1）触电事故应急处置

（1）如果开关或按钮距离触电地点很近，应迅速拉开开关，切断电源。并应准备充足照明，以便进行抢救。

（2）如果开关距离触电地点很远，可用绝缘手钳或用干燥木柄的斧、刀、铁锹等把电线切断。注意：应切断电源侧（即来电侧）的电线，且切断的电线不可触及人体。

（3）当导线搭在触电人身上或压在身下时，可用干燥的木棒、木板、竹竿或其他带有绝缘柄（手握绝缘柄）工具，迅速将电线挑开。注意：千万不能使用任何金属棒或湿的东西去挑电线，以免救护人触电。如果触电人的衣服是干燥的，而且不是紧缠在身上时，救护人员可站在干燥的木板上，或用干衣服、干围巾等把自己一只手作严格绝缘包裹，然后用这一只手拉触被电人的衣服，把他拉离带电体。注意：千万不要用两只手、不要触及触电人的皮肤、不可拉他的脚，且只适应低压触电，绝不能用于高压触电的抢救。

（5）如果人在较高处触电，必须采取保护措施防止切断电源后触电人从高处摔下。

2）触电人员救治方法

（1）触电伤员如神志清醒者，应使其就地躺开，严密监视，暂时不要站立或走动。

（2）触电者如神志不清，应就地仰面躺开，确保气道通畅，并用 5s 的时间间隔呼叫伤员或轻拍其肩部，以判断伤员是否意识丧失。禁止摆动伤员头部呼叫伤员。坚持就地正确抢救，并尽快联系医院进行抢救。

（3）心肺复苏：触电伤害现场急救的有效方法是人工呼吸。但做人工呼吸前，第一要解开伤者领口，第二要检查伤者口内是否有假牙、异物等，第三要尽量使伤者的颈部上翘，头部向后仰，以便使伤者的呼吸道更加畅通。连续吹气两次，捏住患者的鼻孔，防止漏气，急救者用口唇把患者的口全罩住，呈密封状，缓慢吹气，每次吹气应持续 2s 以上，确保呼吸时胸廓起伏；连续按压 30 次，将手掌根贴在患者胸骨的下半部，另一手掌重叠放在这只手背上，肘关节伸直，上肢呈一直线，垂直下压，按压幅度为 4～5cm，每次按压后，放松使胸骨恢复到按压前的位置，放松时双手不要离开胸壁，按压频率为 100 次/分，按压应平稳、有规律地进行，不能间断，不能冲击式的猛压；再连续吹气两次，再连续按压 30 次，反复循环直至复苏成功或专业急救人员的到来。

（4）电烧伤急救：触电后，电流出入处发生烧伤，局部肌肉痉挛，且多为Ⅲ度烧伤：①迅速关闭电源，使伤者脱离电源；②伤员转移至通风处，松开衣服；当伤者呼吸停止时，施行人工呼吸；心脏停止跳动时，施行胸外按压；并可注射可拉明等呼吸兴奋剂，促使自动恢复呼吸；③同时进行全身及胸部降温；④清除呼吸道分泌物；⑤对伤口用消毒纱布包裹，出血时用止血带、止血药等包扎处理。

1.7.4 高处坠落事故应急救援技术

1）要确定受伤部位，根据受伤的部位，采用不同的方法进行抢救，并让伤者尽快脱离危险环境。如果是头部受伤在抢救过程要尽量使头部保持原状态，避免头部剧烈晃动，用硬质担架搬运伤者，并立即送往医院。本单位应急小组人员，要迅速保护现场，察看事故现场周围有无其他危险源的存在，并采取适当的应对措施。

2）造成骨折时，抢救过程应注意将伤者平行移至硬木板上，并及时送往医院救治，不得用搂、抱、背的方式、方法搬送伤者。

3）在搬运和转送过程中，颈部和躯干不能前屈或扭转，而应使脊柱伸直，绝对禁止一个抬肩一个抬腿的搬法，以免发生或加重截瘫。

4）创伤局部妥善包扎，但对疑颅底骨折和脑脊液漏患者切忌作填塞，以免导致颅内感染。

5）颌面部伤员首先应保持呼吸道畅通，撤除假牙，清除移位的组织碎片、血凝块、口腔分泌物等，同时松解伤员的颈、胸部纽扣。

6）复合伤要求平仰卧位，保持呼吸道畅通，解开衣领扣。

7）周围血管伤，压迫伤部以上动脉至骨骼。直接在伤口上放置厚敷料，绷带加压包扎以不出血和不影响肢体血循环为宜，常有效。当上述方法无效时可慎用止血带，原则上尽量缩短使用时间，一般以不超过 1h 为宜，做好标记，注明上止血带时间。

8）对在高处坠落，腰、腹部遭受伤害的伤者，无明显大量外出血但迅速进入休克状态的伤员（症状：神情淡漠、面色苍白，皮肤冰冷、脉搏细弱且快、血压下降），应高度怀疑为内脏破裂出血，要立即送院检查观察。

1.7.5 物体打击、机械伤害事故应急救援技术

当发生物体打击、机械伤害事故后，尽可能不要移动患者，尽量当场施救。抢救的重点放在颅脑损伤、胸部骨折和出血上进行处理。

1）发生物体打击、机械伤害事故后，应马上组织抢救伤者，首先观察伤者的受伤情况、部位、伤害性质，如伤员发生休克，应先处理休克。遇呼吸、心跳停止者，应立即进行人工呼吸，胸外心脏挤压。处于休克状态的伤员要让其安静、保暖、平卧、少动，并将下肢抬高约 20°左右，尽快送医院进行抢救治疗。

2）出现颅脑损伤，必须维持呼吸道通畅。昏迷者应平卧，面部转向一侧，以防舌根下坠或分泌物、呕吐物吸入，发生喉阻塞。有骨折者，应初步固定后再搬运。遇有凹陷骨折、严重的颅底骨折及严重的脑损伤症状出现，创伤处用消毒的纱布或清洁布等覆盖伤口，用绷带或布条包扎后，及时送就近有条件的医院治疗。

3）如果处在不宜施工的场所时必须将患者搬运到能够安全施救的地方，搬运时应尽量多找一些人来搬运，观察患者呼吸和脸色的变化，如果是脊柱骨折，不要弯曲、扭动患者的颈部和身体，不要接触患者的伤口，要使患者身体放松，尽量将患者放到担架或平板上进行搬运。

1.7.6 急性中毒事故应急救援技术

1）发生中毒事故，救援人员进入危险区域前必须戴好防毒面具、自救器等防护用品（以防成为新的受害者），必要时也给中毒者戴上，迅速将中毒者从危险环境中转移到安全、通风的地方。

2）加强通风，用大量新鲜空气对工作地点的有毒有害气体进行冲淡。

3）如果是一氧化碳中毒，应脱去中毒者被污染的衣服，松开领口、腰带，使中毒者能顺畅呼吸新鲜空气；若呼吸已经停止但心脏还跳动，则应立即进行人工呼吸；若心跳也已停止，应迅速进行胸外心脏挤压，同时进行人工呼吸。

4）对于硫化氢中毒者，在进行人工呼吸前，要用浸透食盐溶液的棉花或手帕盖住中毒者的口鼻。

5）如果是瓦斯或二氧化碳窒息，应迅速将中毒者转移至空气新鲜处，窒息时间较长者，要进行人工呼吸抢救。

6）如果毒物污染了眼部、皮肤，应立即用水冲洗，对一些能与水发生反应的物质，要先用棉花、布或纸吸除后，再用水冲洗，以免加重损伤。

7）在井（地）下施工发生中毒时，地面人员绝对不要盲目下去救助。请有关专业人员对事故现场进行有毒物质检测，确认安全后，方可进行救援。必须先向下送风，救助人员必须采取个人保护措施，及时派人报告工地负责人并拨打119、110、120电话求救。中毒者救上来后，应尽快抬到空气新鲜、温度适宜的地方进行紧急处理和现场抢救。

1.7.7 坍塌事故应急救援技术

1）抢救前应查看坍塌的情况，确定坍塌原因，实施支护方案，并有人进行监护，对现场移动的物品要进行标识，严格防止二次坍塌发生。

2）挤压伤多见于坍塌事故或土石方塌方事故的掩埋压迫等。四肢躯干肌肉丰富的部位受外部重物重力长时间压榨，造成筋膜间隔内肌肉组织缺血、变性、坏死，现肢体肿胀，组织间隙出血、水肿、筋膜内压升高，长时间的压榨容易发生急性肾功能衰竭，称为挤压综合征。

3）压伤的主要表现为受压部位多有压痕、皮肤擦伤。肢体呈渐进性肿胀，皮肤张力显著增加，皮肤紧张、发亮、触诊较硬。受压部位或其远端可出现片状红斑、皮下淤血和水瘤。肢体远端皮肤发白，皮温降低。伤肢远端血管搏动早期可触及，随筋膜腔的压力增高，可逐渐减弱或消失。肢体运动障碍，受压筋膜腔内肌肉收缩无力，被动牵拉肌肉时引起患肢剧烈疼痛。肢体关节活动受限，皮肤感觉迟钝。

4）挤压伤现场急救处理：

（1）尽快解除重物压迫，减少挤压综合症的发生。

（2）伤肢制动，可用夹板等简单托持伤肢。

（3）伤肢降温（避免冻伤），尽量避免局部热缺血。

（4）伤肢不应抬高、按摩或热敷。

（5）如果挤压部位有开放性创伤及活动出血者，应止血，但避免加压，除有大血管断裂外不用止血带。

（6）迅速转往医院。

1.7.8 事故报告

1. 事故报告要求

1）事故发生后，事故现场有关人员应当立即向本单位负责人报告；单位负责人接到报告后，应当于 1h 内向事故发生地县级以上人民政府安全生产监督管理部门和负有安全生产监督管理职责的有关部门报告。情况紧急时，事故现场有关人员可以直接向事故发生地县级以上人民政府安全生产监督管理部门和负有安全生产监督管理职责的有关部门报告。

2）事故发生单位负责人接到事故报告后，应当立即启动事故相应应急预案，或者采取有效措施，组织抢救，防止事故扩大，减少人员伤亡和财产损失。

3）事故发生后，有关单位和人员应当妥善保护事故现场以及相关证据，任何单位和个人不得破坏事故现场、毁灭相关证据。

因抢救人员、防止事故扩大以及疏通交通等原因，需要移动事故现场物件的，应当做出标志，绘制现场简图并做出书面记录，妥善保存现场重要痕迹、物证。

2. 上报事故内容

1）事故发生单位概况；

2）事故发生的时间、地点以及事故现场情况；

3）事故的简要经过；

4）事故已经造成或者可能造成的伤亡人数（包括下落不明的人数）和初步估计的直接经济损失；

5）已经采取的措施；

6）其他应当报告的情况。

3. 事故调查报告内容

1）事故发生单位概况；

2）事故发生经过和事故救援情况；

3）事故造成的人员伤亡和直接经济损失；

4）事故发生的原因和事故性质；

5）事故责任的认定以及对事故责任者的处理建议；

6）事故防范和整改措施；

7）事故调查报告应当附具有关证据材料。事故调查组成员应当在事故调查报告上签名。

2 专业工程施工安全技术与管理要求

2.1 建筑给水排水及采暖工程

2.1.1 概述

建筑给水排水及采暖工程是建筑工程的一个分部工程。主要涵盖室内给水系统安装、室内排水系统安装、室内热水供应系统安装、卫生器具安装、室内采暖系统安装、室外给水管网安装、室外排水官网安装、建筑中水系统及雨水利用系统安装、室外供热管网安装、供热锅炉及辅助设备安装等分项。

建筑给水排水及采暖工程在施工过程中涉及和使用的材料、设备种类、规格较多，采用的新技术、新工艺、新材料与新设备也较多，因此对施工安全技术，相对来说有较高的要求和管理规定。

建筑给水排水及采暖工程一般的施工工序：施工准备→配合土建预留、预埋→管道测绘放线→管道元件检验→管道支架制作安装→管道加工预制→管道安装→系统试验→防腐绝热→系统清洗→试运行→竣工验收。

通过对建筑给水排水及采暖工程施工工序的了解和掌握可以更有利于在施工过程中对存在的危险源加以辨识与评价，从而采取有效安全技术和管理措施来预防安全生产事故的发生。

2.1.2 竖向管道安装

1）施工准备

（1）熟悉施工图纸，掌握施工规范要求，根据施工现场涉及的场所、环境、材料、设备、设施等内容编制建筑给水排水及采暖工程施工安全技术专项方案。方案中应符合《建筑施工安全技术统一规范》（GB 50870—2013）中建筑施工危险等级的分级规定，并应有针对性危险源及其特征的具体安全技术措施；按照消除、隔离、减弱、控制危险源的顺序选择安全技术措施；采用有可靠依据的方法分析确定安全技术方案的可靠性和有效性；根据施工特点制定安全技术方案实施过程中的控制原则，并明确重点控制与监测部位及要求。

（2）施工前根据专项安全技术方案对作业人员进行安全技术交底。安全技术交底的内容应包括：工程项目和分部分项工程概况、施工过程的危险部位和环节及可能导致生产安全事故的因素、针对危险因素采取的具体预防措施、作业中应遵守的安全操作规程以及应注意的安全事项、作业人员发现事故隐患应采取的措施、发生事故后应及时采取的避险和救援措施。安全技术交底应有书面记录，交底双方应履行签字手续，书面记录应在交底者、被交底者和安全管理者三方存留备查。

2）管道支架制作安装

管道的支架主要用于地上架空敷设管道支承的一种结构件。分为固定支架、滑动支架、导向支架、滚动支架等。按支架的作用分为三大类：承重架、限制性支架和减振架。

（1）支架制作

按施工技术人员出具的支架加工图纸要求确定支架的形式、规格、数量，准备好施工机具（电焊机、气割、切割机、角磨机等）。对槽钢、角铁等下料切割和焊接时要注意防火安全，施工技术人员应开具动火证，动火人员须持证上岗，动火前清理动火点周围易燃物品，配置灭火器，氧乙炔瓶的间距大于5m，乙炔瓶减压阀前端必须安装防回火装置，气管和焊枪完好。切割和施焊时作业人员应穿戴合格的焊工服、焊工手套和电焊面罩，打磨时应佩戴防护眼镜。立管的承重支架一般体积较大，重量较重，因此在制作过程中应注意防止夹伤、砸伤和简易起重作业（捯链吊运）的安全，对捯链应进行检查和验收，配件、链条和罩壳无破损，齿轮无断齿，确保捯链安全合格，使用捯链时固定点要牢靠，操作时应用力均匀拉动捯链，严禁双链改成单链使用，作业人员最好穿戴防砸安全鞋。支架焊接完成后，按规定应刷二遍防锈漆，外加二遍面漆，刷漆作业应远离动火点至少大于10m，制作完毕后放置于防雨、防潮的仓库内，便于以后安装。

（2）支架安装

支架安装前应观察安装部位的施工环境，存在洞口临边的须采取安全防护措施，作业人员佩戴安全带并挂钩于安全牢靠处。使用冲击钻时注意用电安全，开关箱漏掉保护装置必须有效。固定支架时，严禁扳手加长使用，防止坠物伤人。管道井内支架安装完毕后，要恢复洞口的防护设施后方能离开。

3）管道加工预制

管道预制分为预制场预制和现场预制两部分。加工现场的环境应符合施工方案或技术交底的要求。施工环境不符合规定要求时，应停止施工。需要保证的主要施工条件为：安全条件（操作保护、防火、防毒等）、气象条件（温度、湿度、风速、防雨雪措施）等。配置的工具应符合安全标准。在预制场预制的管道及管件，应由施工技术人员出具加工图，预制人员应按加工图加工管道和管件。

管道运输应采用汽车、用板车轮胎改制的运输车、液压运输车、铲车、人工抬扛等方式运输，不能采用在地面拖拉等运输方式，防止管道受损和滚动压伤作业人员。

根据管材的材质选择不同的切割和坡口加工方式，气割时需要保证防火安全，机械切割时应确保用电安全。切割用的砂轮片应在使用前进行检查是否有裂痕，防止崩裂伤人，坡口打磨时作业人员应佩戴防护眼镜。

4）管道安装

管道安装必须按图纸设计要求的轴线位置、标高、坡度进行定位放线。安装顺序一般是主干管、立管、分支管、试压、防腐、保温；卫生间管道安装顺序一般是立管安装、支管安装、支管灌水试验、套管填塞、套管补防水、隐蔽回填。

（1）管道垂直运输

建筑工程竖向管道安装时涉及管道的垂直运输，特别是超高层的管道垂直运输风险大、难度高。管道的垂直运输方式一般有：塔吊吊运、施工升降机运输、流动式起重机、自制设备（如桅杆）等进行吊运等。通过这些方式把管道垂直运输至安装楼层进行安装施工与设备吊装的内容有相似之处（详见吊装与运输相关内容），因此，管道垂直运输的设备和人员的要求在此不一一描述，以起重设备和操作人员合格的前提下描述管道垂直运输过程中的安全技术要求。

① 在起吊前应编制管道垂直运输的方案，按照批准的方案进行施工，杜绝违章指挥和冒险作业，作业过程中必须严格遵守安全技术操作规程。

② 起吊前施工单位必须按照国家标准规定对吊装机具进行安全检查，包括每天作业前检查、经常性安全检查和专项安全检查，同时接受政府、行业主管部门的定期检查，对检查中发现问题的吊装机具，不得私自解除或任意调节，必须进行维修处理，并保存维修档案。

③ 起吊前对吊索具钢丝绳、吊钩、卡环、滑轮及滑轮组、卸扣、绳卡及卷扬机等起重机具必须具有合格证及使用说明书。自制、改造和修复的吊具、索具，必须有设计资料（包括图纸、计算书等）和工作、检查记录，并按规定进行存档。起重机具在使用过程中应经常检查、维护与保养，如达到报废标准时，必须予以报废处理。

④ 对吊运的管道穿绳、挂绳时注意压手，吊绳不得相互挤压、交叉、扭压、绞拧，为保持管道平衡应二点起吊并加衬垫或套索防止滑脱，禁止单点起吊。

⑤ 吊装作业前必须检查现场环境、吊索具和防护用品，明确吊装区域，设置安全警戒标志，安排专人进行旁站式监控，确保吊装区域内无闲散人员。

⑥ 应先试吊，吊绳套挂牢固，起重机缓慢起升，将吊绳绷紧稍停，起升不得过高。试吊中，信号工、挂钩工、驾驶员必须协调配合。如发现吊物重心偏移或与其他物件粘连等情况时，必须立即停止起吊，采取措施并确认安全后方可起吊。

⑦ 凡遇大雪、大雨、大雾及风力六级以上（含六级）等恶劣天气，必须停止露天起重吊装作业。

（2）管道安装

管道安装时应根据施工现场的作业环境，使用的设备设施，采取有针对性的措施，包括如下内容（不限于）：

① 进入施工现场必须严格遵守现场各项规章制度，施工员要对各施工队工人做好工程介绍和现场安全教育工作。

② 凡 2m 以上高空作业需搭设脚手架或架设人字梯；进入施工现场必须正确佩戴安全帽。

③ 施工地点及附近的孔洞必须加盖牢固，防止人员高空坠落和物体坠落伤人。

④ 凡楼梯口、电梯口、预留洞口、接料平台口应设牢固严密的防护门、栏，防护盖板；阳台、楼板、屋面悬崖、陡坡应设牢固的临边防护；高处作业一律佩戴安全带。

⑤ 临设用电要按照《施工现场临时用电安全技术规范》（JGJ 46—2011）规定。临时电源箱必须设漏电保护开关，每一单项回路、每台移动式电动工具，每三台固定式电气设备，应分别装设漏电保护装置；施工照明尽量采用 36V 低压电源，否则，灯具须远离易燃物，并防止漏电伤人。

⑥ 电焊机应有良好的接地装置，潮湿地面应垫木板与地面隔开。严禁采用圆钢或其他型钢作焊接回路；焊接点潮湿时，严禁人体直接接触。

⑦ 不得用铜线替代熔丝；电源线严禁搭挂在开关柱头或不用插头而直接插入插座；潮湿地点（尤其是地下室）作业必须穿绝缘胶鞋。

⑧ 使用手电钻或台钻时，不准戴手套操作。

⑨ 砂轮（片）安装前，必须检查有无裂纹；使用时，砂轮机必须装设防护罩，并先空转 3～5min，待砂轮机转速稳定后方可使用；砂轮机操作人员必须戴防护眼镜并站在机旁。

⑩ 施工时乙炔瓶与氧气瓶不得混放；乙炔瓶距电焊点不得小于 10m，氧气瓶距热源不得小于 5m，且不得横卧；当氧气瓶压力下降至 2 个大气压时，不得再用；每支焊枪应配备防止回火装置，所有气喉接头均应用铁线扎紧。

⑪ 胶粘剂及清洁剂等易燃物品的堆放必须远离火源、热源、电源，其堆放的室内严禁明火。胶粘剂及清洁剂的瓶盖应随用随开，不用时应随即紧，严禁非操作人员使用。

⑫ 管道粘接场所，禁止明火或吸烟，通风必须良好。集中操作场所，还应设置排风设施。

⑬ 粘接管道时，操作人员应站于上风处并应佩戴防护手套，防护眼镜和口罩等，避免皮肤与眼镜同粘胶剂直接接触。

⑭ 起吊立管应有专人指挥，绳索要捆牢固。

2.1.3 水平管道安装

1）管道水平运输

（1）管道水平运输的主要器具

拖板车、液压叉车、搬运小坦克、滚杠、撬棍、捯链、千斤顶、滑轮组、钢丝绳、吊装带、U 形环、枕木、钢轨、钢板等。

（2）管道水平运输作业安全防范重点

① 拖板车、液压车、搬运小坦克

a. 搬运时必须设专人指挥，专人监护，严密观察管道情况，以防出现侧移、沿坡度自由溜放等意外现象。当碰到有一定坡度的移动时，要设置防滑动措施，准备三角木等止滑物品。当坡度较大时，可以垫枕木平台以减小坡度。

b. 搬运前应将地面清扫干净，地面上不能有铁屑、石子、油污等，以免损坏搬运机具和设备。设备在移运程中遇到障碍物时严禁强行加力通过，否则易造成事故。

c. 在搬运开始前，应检查所有液压车（搬运小坦克）行进的方向是否一致、高度是否一致，在地面强度不够时应铺设钢板后再进行搬运。

d. 使用多台小坦克搬运设备时，应使重心离两相邻小坦克的连线距离较大（保证设备的稳定），并使用起重设备将需要搬运的设备上升一定的高度后方可放置搬运小坦克。

e. 应缓慢放下搬运的设备，同搬运小坦克接实后撤去起重设备，拉动搬运小坦克的手柄或推动被搬运物进行搬运作业。到达目的地后使用起重设备升起被搬运物，撤出搬运小坦克后放下搬运的设备即完成作业。

f. 定期对搬运小坦克进行检查、保养，对齿轮部件进行润滑防锈处理。不得将搬运小坦克放置在潮湿、腐蚀的环境中。

② 滚杠搬运

滚杠搬运是二次运输的方法之一，主要用于中小型设备或构件的搬运。常采用滚杠、拖排、撬杠等工具由人力来完成作业。

a. 滚杠下面应铺设道木，以防设备压力过大，使滚杠塌陷。

b. 滚杠的放置距离不能间隔太长，否则将会导致滚杠的损坏。

c. 当设备需要拐弯前进时，滚杠必须依拐弯方向放成扇形面。

d. 放置滚杠时必须将头放整齐，否则长短不一，易使滚杠受力不均匀而发生事故。

e. 摆置或调整滚杠时，应将四个指头放在滚杠筒内，以避免压伤手。

f. 使用滚杠搬运前，应将路线上的障碍物全部清除，并设置警戒区。

g. 搬运过程中，发现滚杠不正时，只能用大锤锤打纠正，严禁用手触碰操作。

h. 全体搬运人员注意力应高度集中，听从统一指挥。

（3）斜坡上运输安全

① 斜坡上运输时，坚持"行人不行车，行车不行人"的规定，确保运输安全进行。

② 每次运输前，要安排专人检查起吊设施是否完好及运输线路是否畅通，若有破损，应立即进行更换，确保安全无误后方可进行运输。

③ 斜坡上运输应使用带有刹车装置的运输工具或使用卷扬机等牵引设备进行控制。

④ 所运输的设备应使用钢丝绳牢牢固定在运输工具上，确保设备不会坠落或倾覆。

⑤ 自上往下运输时，人要站在材料、设备旁边，严禁作业人员站在超过所运输材料、设备的前端。

2）管道的连接

根据管道用途和材质，管道的连接方法有：螺纹连接、法兰连接、焊接、沟槽连接、卡套式连接、卡压连接、热熔连接、承插连接等。竖向管道在连接过程中，主要涉及高处作业、动火作业等较危险的作业，作业过程中最主要的是临边洞口的防护和管井内动火安全。竖向管道安装时往往要拆除井道的安全防护设施，使作业人员存在高处坠落的风险，作业时应先设置人员可靠的立足点（如设置盖板等），作业人员应穿戴安全带并挂钩于牢固处或设置安全绳并使用防坠器固定。作业完毕后应及时恢复洞口临边的安全防护设施，确保安全可靠。管井内动火作业主要对焊接、切割时火星落点的监控，动火前应检查和清理作业层管弄井下方易燃易爆物品，动火点下方应设置接火盘防止火星溅落，如无法设置的应派监火员在下层火星落点处进行监控，并配置灭火器。

3）阀门安装

阀门安装过程中使用捯链的，应对捯链进行验收，严禁用链条直接捆绑阀门吊装，与法兰螺孔对接时应缓慢小心操作，防止夹手。紧固阀门和法兰的连接螺栓时，应用专用扳手，严禁扳手加长使用，防止坠物伤人。

水平管道安装时应根据施工现场的作业环境，使用的设备设施，采取有针对性的措施，包括如下内容（不限于）：

（1）人字梯

人字梯制作时选择应选择材质坚固、轻盈的材料，横档踏板焊接要饱满严禁点焊固定，每档间隔不超过300mm，总高度不超过10档，中间设置链条拉结，地脚包扎橡胶。见图2-1。

人字梯使用安全措施：

① 只允许一人在梯子上面工作，超过 2m 时人员作业时配备安全带并挂好安全钩，上下人字梯应面向梯子方向。

② 人字梯上部第二个踏板面为最高安全站立高度，站立时二腿骑跨于人字梯横档两侧作业。梯子上部第一个踏板不得站立或越过，并于最高安全站立高度处涂红色标志。

③ 梯子上有人时不得移位，梯子表面应涂不导电的、透明涂料或防腐剂，标志不受此限制。

④ 使用前检查：检查梯子、踏板有无变形、损坏，螺栓、钉子有无松动现象，拉接梯子的固定拉杆或保险绳两端与横杆是否有效固定，梯子底部是否安有防滑套等。人字梯若有损坏应立即修复或更新。木梯严禁漆油漆，因为油漆会掩盖一些缺陷。立梯子前检查基底是否平整，梯子周围不得有凸起尖锐物。

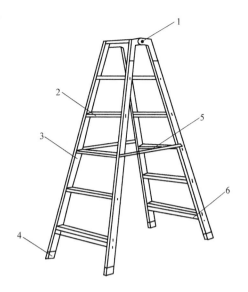

图 2-1 人字梯
1—铰链；2—踏板；3—梯梁；
4—梯脚；5—撑杆；6—固定钢杆

⑤ 梯子的摆设：梯子必须放在平坦坚固的地面，保持水平，梯梁之间夹角 30°为最佳。人字梯放在人员较多的通道上时，需在周围做围挡或标示。放在门后作业时，除设置标示外还须将门上锁，避免他人突然开启撞及。人字梯的固定拉接保险绳需固定牢固、直梯斜度不可太斜（底部宽度与高度的距离比为 1：4）。

⑥ 梯子的使用：上下梯子时尽量面朝梯子，保持三点接触以保持平衡，严禁垫高使用。将工具放在工具袋内或使用绳索吊升使用，不可用抛接的方式。避免伸展身体去碰触难以碰触的位置，应重新移动位置来作业，尽量避免一脚踩在梯子上，一脚踩在邻近的物品上。

⑦ 坚持同伴作业原则：使用梯子时，下方应有另一人扶持，以求稳固，工作时佩戴安全帽，以免上方物品、工具掉落。

⑧ 避免进行冲击性较大的作业：人字梯使用时，严禁进行结构冲击钻孔、通风设备安装、较重吊顶安装等作业，进行以上作业必须换用移动脚手架或钢管脚手架。

⑨ 梯子的搬运：在经过走廊或转角时，放慢速度，较长梯子在搬运时，需有一人前导，避免碰撞行人，搬运时并避免碰撞现场内的设施、成品。

⑩ 梯子的储存：人字梯储存应收起横放于角落处。

（2）移动式平台（见脚手架章节）

2.1.4 管道系统试压、调试与试运行

管道系统的试压、调试是主要目的是检测管线焊接部位有无渗漏及整个管道系统的密封和承压强度，是管道系统竣工验收不可缺少的步骤，在《建设给水排水及采暖工程施工质量验收规范》（GB 50242—2002）中对试压、试验都进行了强制性规范的描述。因此，管道系统试压、调试与试运行须编制方案，落实人员，严格按照规范要求进行。

1. 系统试压

1）准备工作

在管道系统试压前，应编制试压方案，落实组织措施和安全技术措施，并由监理工程师批准后方可实施。试压前应由使用单位、施工单位和有关部门对下列资料进行审查确认。

（1）管道组成件、焊材的制造厂家质量证明书及校验、检查或试验记录。

（2）管道系统隐蔽工程记录。

（3）管道的焊接工作记录及焊工布置、射线检测布片图和无损检测报告。

（4）焊接接头热处理记录及硬度试验报告。

（5）静电接地测试记录。

（6）设计变更及材料代用文件。

2）安全技术措施

在管道系统试压前，应由施工单位、建设（使用）单位和有关部门联合检查确认下列条件：

（1）管道系统全部按设计文件安装完毕，确保管道系统的完整性、可靠性。如分段进行试压时应有可靠的封堵措施（加设盲板等），一般不建议用阀门作为封头进行试压试验。

（2）管道支、吊架的型式、材质、安装位置正确，数量齐全；紧固程度和焊接质量合格。

（3）焊接及热处理工作已全部完成。

（4）焊缝及检查的部位不应隐蔽。

（5）试压用的临时加固措施安全可靠，临时盲板加置正确，标志明显，记录完整。

（6）试压用的检测仪表的量程精度等级、检定期符合要求。

（7）试压时应派专人加强巡检发现泄漏点、支架等有松动现象应立即停止试压作业，并设置警戒区域防止闲杂人员入内，第一时间向施工技术人员汇报，采取安全可靠措施，防止事故发生。

（8）在试压过程中若有泄漏，严禁带压处理，待泄压修复后重新试验。严禁对带压的管道进行电焊、气割、钻孔等作业。

（9）液体压力试验时，必须排除系统内的空气，升压应分级缓慢进行，试压时应缓慢升压，先稳定到一定压力后，进行巡查无异常情况后，再进行升压达到试验压力后停压10min，然后降至设计压力，再停压30min。不降压、无泄漏和无变形为合格。

（10）管道系统试压合格后，应缓慢降压。并将系统内的介质排净，将废弃物及时清理到指定地点。

（11）管道系统试压完毕后应及时拆除所用的盲板，拆除时候应注意安全。试压完毕后核对记录，并填写管道系统试压记录。

（12）有经批准的试验方案，并经安全技术交底。

（13）管道系统压力试验应用洁净水进行。水压试验后，废水排入指定地点，防止试压用水污染环境。

2. 防腐绝热

1）防腐

（1）除锈、去污

① 人工除锈时可用钢丝刷或粗纱布擦拭，作业人员应佩戴手套，直到露出金属光泽，再用棉纱或破布擦净。

② 机械除锈时作业人员应佩戴口罩和防护眼镜，电源线应完好，漏电保护装置灵敏。

③ 喷砂除锈时，应设置专门的作业棚防止沙尘飞扬，所用空气压缩机应有安全阀并检测合格，电气元件和电源线完好；作业人员应佩戴防尘口罩和防护眼镜，并将袖口和裤管扎紧，防止碎屑掉入体表，引起红肿、过敏和瘙痒；喷砂所用后砂粒，应及时回收到指定容器内。

④ 清除油污，一般可采用碱性溶剂进行清洗。

（2）涂漆

① 手工涂刷：手工涂刷应分层涂刷，每层应往复进行，并保持涂层均匀，不得漏涂；快干漆不宜采用手工涂刷。油漆时，滚筒或毛刷上蘸油漆不宜太多，以防洒在地上或设备上。

② 机械喷涂：采用的工具为喷枪，所用空气压缩机应有安全阀并检测合格，电气元件和电源线完好。

③ 油漆施工时严禁吸烟，附近不得有电、气焊或气割作业。

④ 油漆和油漆稀释剂等危险品应存放与符合消防要求并通风的油漆库内，并设置禁火标志，配备适合足够的灭火器材。

⑤ 油漆作业时作业人员佩戴防毒口罩，盛放油漆的容器应有盖子。

⑥ 废弃的油漆桶和刷子应及时回收，严禁随意丢弃。

⑦ 登高油漆作业应严格执行高处作业安全管理规定，油漆容器应放置于安全可靠处防止落物伤人。

2）管道及设备绝热

（1）绝热施工时对设备、直管段立管应自下而上顺序进行，水平管应从低向高点顺序进行，做好高处作业和临边洞口的安全防护。

（2）硬质绝热层管壳，用镀锌钢丝双股捆扎时，作业人员戴好手套，每块绝热制品上捆扎件不得少于两道。

（3）熬制热沥青时要准备好干粉灭火器等消防用具，应把握好加热时间，以减少对空气的污染，并有防雨措施。

（4）绝热材料的粘结剂、二甲苯、汽油、松香水等稀释剂应缓慢倒入胶黏剂内并及时搅拌，使用完毕后及时归库，作业时严禁吸烟。

（5）高处防腐时，须将油漆桶缚在牢固的物体上，沥青桶不要装得太满，应检查装沥青的桶和勺子放置是否安全；涂刷时，下面要用木板遮护，不得污染其他管道、设备或地面。

（6）高处作业时须搭设架设脚手架等登高设施，落实安全技术要求，防止坠落伤人。

（7）绝热施工人员须戴风镜、薄膜手套，施工时如人耳沾染各类材料纤维时，可采取洗热水澡等措施。

（8）地下设备、管道绝热管前，应先进行检查，确认无瓦斯、毒气、易燃易爆物或酸毒等危险品，方可操作。

3. 系统调试

1）给水系统调试

（1）调试时应把进入各用水点的阀门全部关闭严密。

（2）把各分支系统上的控制阀门关闭，并把水箱口处阀门关闭严密。

（3）由室外给水网给蓄水池供水，并对浮球阀经水位调试调整，确保浮球阀的正常工作。待蓄水池注满水后，检查蓄水池的出水管处是否有渗漏等现象；完毕后由电气专业配合启动水泵，检查给水设备的供水是否正常；待正常后，检查是否有水的渗漏，合格后并做好记录备查。

（4）上述步骤调试成功后，关闭所有支系统的阀门后，打开给水主管阀门对主系统进行调试，检查不渗不漏后开始支系统的调试，支系统由下向上进行，每调试一处必须严格检查阀门压盖、水嘴、冲洗阀、活接、丝扣、大便器、小便器等连接处是否严密，确保不渗不漏，并做好记录、按要求填写好竣工资料。

（5）排放管必须接入可靠通畅的排水管网，并保证排泄物的畅通和安全。排放管的截面不应小于被冲洗管截面的 60%。

2）排水系统调试

（1）把潜水泵平稳地安放在集水坑的底部，并检查潜水泵于排水管道之间的卡口是否连接牢固。

（2）液位控制器调整到设计要求的水位高度，并检查反应是否灵敏。

（3）检查阀门和止回阀是否严密，安装方向是否正确。

（4）自动控制箱拉上电源，集水坑注水，使其达到要求的水位，测试液位自动控制装置的动作，并做好调试记录。

（5）在调试期间，派专人 24h 值班，确保地下室集水坑中的水及时排出室外，避免其他设备被浸没。

（6）各排水系统按要求做好通球试验，确保排水管道畅通无阻；卫生器具作存水试验，确保卫生设备不渗不漏。

3）热水系统调试

（1）把进入各用水点的阀全部关闭严密。

（2）把各分支系统上的控制阀门关闭，并把水箱出口阀门关闭，特别是换热器出水口阀门和循环水泵的系统回水阀门必须关闭严密。

（3）确保热水补充水的供给，检查补水系统是否完好，并做好记录。

（4）上述步骤调试成功后，首先进行热水系统的调试。关闭所有支系统的阀门，启动循环水泵，然后开启换热器的排污阀，系统内的水排向地下室集水坑，当水质达到出口的水色和透明度与放口处的透明度目测一致时时，关闭排污阀，开始向系统干管注水，检查不渗漏后，开始支系统的调试。支系统需逐个调试，每调试一个系统必须严格检查各阀门压盖、水嘴、活接、丝扣、洗脸盆等连接是否严密，确保不渗漏，并做好记录和按要求填写好竣工资料。

4. 试运行

1）建设单位和设计单位及其他相关单位应参与工程的试运行。工程按审批的项目全部完成后，应至少经过 20d 的试运行期。

2）运行前应具备的条件

（1）全部管网系统、支吊架安装完毕。

（2）试验、试压、调试全部合格。

3）运行前的检查与准备

（1）编制试运行方案，成立试运行小组，统一指挥，专人负责。一般由项目经理、技术负责人、各专业班组长组成。

（2）准备好运行所需的设备、工具、材料，如运行出现问题及时抢修。

（3）分兵把守，检查运行管网支吊架个紧要部位。

（4）检查各支架、连接件、紧固件是否有松动或遗漏。

（5）检查如补偿器两端的滑动支架和固定支架是否都按要求安装完毕。

4）管网运行

（1）参加试运人员应熟悉工艺流程。

（2）管网全部开通后，温度升高后，要对支架的紧固螺栓进行一次热紧，避免松动，应注意别被热水烫伤。采暖管道在送水过程中，应控制送水的阀门缓慢开启，使管路中热水逐渐增多，使管子有一个适应过程，有助于避免出现由于存在较大温差，导致管道发生变形，甚至破裂；另一方面可以有效防止大量冷凝水的析出，防止出现水击（水锤）现象。

（3）管网运行后沿线检查，看所有支架连接点是否有松动现象，发现及时上报，及时处理。

（4）检查各滑动管支架和导向定位是否有变化，看固定管架是否牢固。

（5）运行正常后应安排专人做定期检查，保障管网支架的安全运行。

（6）应定时记录机电设备的运行参数，定时检验各控制性指标，及时做好各项观测记录。

（7）管网支架正常运行后，应安排各专业人员进行保运工作，并准备好临时抢修用的设备、工具、材料。保运人员24h倒班、值岗，运行期间应保证通信联系正常。

（8）保运期间执岗人员要沿线巡回检查，看是否有不正常现象，发现问题应及时上报，在统一安排下进行维护处理，处理问题时，应设专人看护。

（9）试运行期间遇有紧急情况，如停电、泄漏等情况不得擅自处理，应在第一时间通知有关部门和人员最短的时间赶赴现场，以便在最短的时间内得到处理。

（10）运行期间夜间照明应齐全，巡检通道应畅通。

（11）登高作业时应将安全带系牢后再开始作业。

（12）执岗人员夜间严禁睡觉、喝酒。

（13）执岗人员要做好交接班记录。

2.2 建筑电气及智能建筑工程

2.2.1 建筑电气工程

1. 概述

建筑电气工程是以建筑为平台手段，在有限空间内，利用现代先进的科学理论及电气技术，创造一个满足建筑物预期使用功能要求，满足人性化生活环境要求的电气系统安装工程。

建筑电气工程包括：架空线路及杆上电气设备安装；变配电设备安装（变压器、箱式变电所安装，成套配电柜、控制柜（屏、台）和动力、照明配电箱（盘）安装）；自备电源安装（柴油发电机组安装，不间断电源安装）；受电设备安装（低压电动机、电加热器及电动执行机构安装及试验和试运行）；母线装置；电缆敷设、电缆头制作、接线和线路绝缘测试；配管配线（各类电线导管、电缆导管、线槽敷设及穿线等）；电气照明安装（普通灯具、专用灯具、建筑物景观照明灯及开关、插座、风扇等的安装）；防雷及接地安装（接地装置安装、避雷引下线和变配电室接地干线敷设、接闪器安装、建筑物等电位联结等）；建筑电气分部（子分部）工程质量验收等。

2. 建筑电气工程安全管理

1）施工前应制定有效的安全、防护措施，进行安全交底，并应遵照安全技术及劳动保护制度执行，参加安装的电工、起重工、焊工持证上岗；

2）施工机械用电必须采用一机一闸一保护；

3）吊装作业开始前，索具、机具必须先经过检查，合格后方可使用。吊装作业应有专人指挥；

4）线路架设和灯具安装必须由专业持证电工完成；

5）作业前，检查电源线路应无破损，漏电保护装置应灵活可靠；

6）施工中使用的各种电气机具应符合《施工现场临时用电安全技术规范》（JGJ 46—2005）的规定，电气设备外露可导电部分必须可靠接地，避免发生电线短路和人身接触触电事故；

7）机械操作人员应按操作规程戴绝缘手套和穿绝缘鞋，防止漏电伤人；

8）施工机械设备进场时必须是完好设备，不得采用国家要求淘汰的机械设备，并定期对机械设备进行检查、维修、保养，使其在正常状态下运行；

9）对易燃材料操作点要配备干粉灭火器，防止火灾发生。严禁吸烟或有明火及其他易燃物接近；

10）室内进行母线刷相色作业时，应注意通风换气；

11）严禁违章指挥施工。

2.2.2 智能建筑工程

1. 概述

智能建筑是采用系统集成方法，使信息技术、通信技术、自动控制技术与建筑环境有机结合，将结构、系统、服务、管理进行优化组合，向人们提供一个投资合理、安全、舒适、快捷、高效、便利的建筑环境。

智能建筑工程包括：通信网络系统、信息网络系统、建筑设备监控系统、火灾自动报警及消防联动系统、安全防范系统、综合布线系统、智能化系统集成、办公自动化系统、住宅（小区）智能化等。

2. 施工安全管理

1）应建立安全管理机构；

2）应符合国家及相关行业对安全生产的要求；

3）应建立安全生产制度和制定安全操作规程；

4）施工现场用电应按现行行业标准《施工现场临时用电安全技术规范》（JGJ 46—2005）的有关规定执行；

5）采用光功率计测量光缆时，不应用肉眼直接观测；

6）登高作业，脚手架和梯子应安全可靠，梯子应有防滑措施，不得两人同梯作业；

7）遇有大风或强雷雨天气，不得进行户外高空安装作业；

8）进入施工现场，应戴安全帽；高空作业时，应系好安全带；

9）施工现场应注意防火，并应配备有效的消防器材；

10）在安装、清洁有源设备前，应先将设备断电，不得用液体、潮湿的布料清洗或擦拭带电设备；

11）设备应放置稳固，并应防止水或湿气进入有源硬件设备；

12）应确认电源电压同用电设备额定电压一致；

13）硬件设备工作时不得打开设备外壳；

14）在更换插接板时宜使用防静电手套；

15）应避免践踏和拉拽电源线。

2.2.3 防雷接地施工

1. 概述

防雷及接地施工包括：接地装置安装、避雷引下线和变配电室接地干线敷设、接闪器安装、建筑物等电位联结、智能建筑综合管线的防雷与接地、安全防范设备浪涌保护器、信号线路浪涌保护器、信息网络广播设备防雷与接地等。建筑电气防雷与接地质量验收依据：《建筑电气工程施工质量验收规范》（GB 50303—2015），智能建筑防雷与接地质量验收依据：《智能建筑工程质量验收规范》（GB 50339—2013）。

2. 防雷接地施工工序流程

1）接地装置安装应按以下程序进行：

（1）建筑物基础接地体：底板钢筋敷设完成，按设计要求做接地施工，经检查确认，才能支模或浇捣混凝土；

（2）人工接地体：按设计要求位置开挖沟槽，经检查确认，才能打入接地极和敷设地下接地干线；

（3）接地模块：按设计位置开挖模块坑，并将地下接地干线引到模块上，经检查确认，才能相互焊接；

（4）装置隐蔽：检查验收合格，才能覆土回填。

2）引下线安装应按以下程序进行：

（1）利用建筑物柱内主筋作引下线，在柱内主筋绑扎后，按设计要求施工，经检查确认，才能支模；

（2）直接从基础接地体或人工接地体暗敷埋入粉刷层内的引下线，经检查确认不外露，才能贴面砖或刷涂料等；

（3）直接从基础接地体或人工接地体引出明敷的引下线，先埋设或安装支架，经检查确认，才能敷设引下线。

3）等电位联结应按以下程序进行：

（1）总等电位联结：对可作导电接地体的金属管道入户处和供总等电位联结的接地干线的位置检查确认，才能安装焊接总等电位联结端子板，按设计要求做总等电位联结；

（2）辅助等电位联结：对供辅助等电位联结的接地母线位置检查确认，才能安装焊接辅助等电位联结端子板，按设计要求做辅助等电位联结；

（3）对特殊要求的建筑金属屏蔽网箱，网箱施工完成，经检查确认，才能与接地线连接。

4）接闪器安装：

接地装置和引下线应施工完成，才能安装接闪器，且与引下线连接。若先装接闪器，而接地装置尚未施工，引下线也没有连接，会使建筑物受雷击的概率大增。

5）防雷接地系统测试：

接地装置施工完成测试应合格；避雷接闪器安装完成，整个防雷接地系统连成回路，才能系统测试。

3. 防雷接地工程施工危险源

1）施工过程中焊接作业较多，施工作业的主要危险源是焊接作业过程中焊割火花飞溅引起的火灾以及施工人员违章操作导致的触电事故。

2）防雷引下线跨接需要登高作业，施工作业的主要危险源是高空坠落、物体打击等安全风险。

3）利用建筑物柱内主筋作引下线、接地引出线等，需要在楼板平台上及登高作业，存在高空坠落、临边洞口等安全风险。

4）等电位联结引入线施工，作业区域主要在楼板上，需配合土建在混凝土浇筑前，施工过程存在高空坠落、临边洞口等安全风险。

5）施工过程中需要使用电焊机、切割机等机械设备，存在机械伤害、触电等安全风险。

6）焊接过程中需进行焊渣敲除，存在焊渣溅入眼内的风险。

7）防雷接地系统施工在夏季室外进行时，由于气温较高，施工人员高强度室外作业存在中暑风险。

8）在夏季室外施工时，存在遭受雷击风险。

4. 防雷接地施工危险源的安全控制措施

1）进入施工现场必须戴好安全帽，避免现场交叉作业、临边洞口作业时工具及材料坠落造成的物体打击。登高作业要正确佩戴安全带，使用前进行检查，使用中做到高挂低用。

2）进行接地装置施工时，如位于较深的基槽内应注意高空坠物并做好防坡等处理。接地极、接地网埋设结束后，应对所有沟、坑等及时回填，如作业时间较长，应注意保持开挖土方湿润，避免扬尘污染。

3）焊接操作人员属特殊工种人员，须经主管部门培训、考核合格，持证上岗作业。焊接作业时须配置灭火器材，应有专人监护。作业完毕，要留有充分的时间观察，确认无引火点后，方可离去。

4）进行电焊作业时，每台电焊机应有专用电源控制开关，开关严禁用其他金属代替保险丝，完工后切断电源。

5）电焊机的一次、二次接线端应有防护罩，且一次接线端需用绝缘带包裹严密；二次接线端必须使用线卡子压接牢固。雨雪天气，禁止在室外进行电焊作业。

6）登高焊接作业人员应使用符合安全要求的梯子。梯脚需有防滑措施，使用人字梯时，要有限跨钩，不准两人在同一梯子上作业。

7）登高焊接作业所使用的工具、焊条等物品应装在工具袋内，应防止操作时落下伤人。不得在高处向下抛掷材料、物件或焊条头，以免砸伤、烫伤地面工作人员。

8）电焊作业人员必须戴绝缘手套、穿绝缘鞋和白色工作服，使用护目镜和面罩，避免弧光伤害，清除焊渣时，面部不应正对焊纹，戴好护目镜防止焊渣溅入眼内。

9）切割机使用前应检查电源接线部分是否安全可靠，砂轮片是否符合安全要求，严禁使用受潮变形砂轮片，严禁将切割机当砂轮机使用。

10）夏季室外施工，预防人体遭受雷击的具体措施有：

（1）雷雨时施工人员要进入有防雷装置的室内，在室内最好不要站在窗前或凉台上，关闭门窗，防止侧击雷伤害；

（2）因故不能进入室内者，不要扛着钢管、钢筋在空旷的地方行走或逗留，要远离（10m以外）容易遭受雷击的物体，如大树、高墙、架空电线、烟囱、龙门架、避雷针或避雷器的接地体；

（3）不要在高处或空旷处使用手机。手机发射的电磁波像避雷针一样具有引雷作用。

11）使用手持式电动工具时，工具的操作人员应遵守工具使用说明书和其他有关规章制度的要求，具体安全事项如下：

（1）使用手持式电动工具前应检查电气装置、保护设施等，应检查工具的外壳、手柄、插头、开关、负荷线等是否完好无损、连接牢靠、功能正常。

（2）检查开关箱，检查电源线（包括插头）是否有破损，箱内电器是否完好，特别是漏电保护器。漏电保护器每天使用前应启动漏电试验按钮试跳一次，试跳不正常时严禁继续使用。

2.2.4 线槽及线管安装

1. 管理规定

1）导管可沿砖墙、楼板和支架敷设；沿支架敷设时，可将导管固定在支架上，不允许将钢管焊接在其他管道上；管路敷设应牢固通顺，布置时禁止做拦腰管或拌脚管。

2）室内配线必须采用绝缘导线，并用瓷瓶、瓷（塑料）夹、穿管等敷设，距地面高度不得小于 2.5m。铜芯线截面不应小于 1.5mm²，铝芯线截面不应小于 2.5mm²。架空进户线的室外端应采用绝缘子固定，过墙处应穿管保护，并应采取防雨措施。

3）在砖墙、楼板上剔槽、打眼时，应戴防护镜，锤子柄不得松动，錾子不得有卷边、裂纹。打过墙、楼板透眼时，墙体后面，楼板下面不得有人靠近，防止击穿时伤人。

4）使用冲击电钻或电锤打孔时先将钻头抵在工作表面，然后开动，用力适度，避免晃动；若转速急剧下降，应减少用力，防止电机过载；钻孔时，应注意避开混凝土中的钢筋。

5）配管穿线等高处作业使用的临时脚手架必须坚固、平稳，脚手板必须满铺，不得有空隙和探头板。

6）严禁使用缺档、断档扶梯，光滑地面操作时，扶梯下要有防滑措施。单梯使用角度以 60°～70° 为宜；人字梯一般顶部张开角度宜为 35° 左右，两侧应有防止张开的拉绳，其上部第一个踏板不得站立或跨越，严禁站在最上一层操作或站在梯子上移位。

7）人力弯管时，应选好场地，防止滑倒和坠落，操作时脸部要避开弯管器操作杆。

8）用砂轮切割机切割管子时，砂轮片应完好，操作人员应站在侧面，用力不得过猛，导管切断处应平齐不歪斜，刮锉光滑，去掉毛刺再配管。

9）为防止水泥、砂浆、杂物等进入管子或盒内，必须在钢管内穿好铁丝，将钢管或塑料管管口堵上木塞或废纸，在盒内填满泡沫、废纸。

10）照明配线安装时，不准直接在板条天棚或隔声板上通行及堆放材料。

11）同一建筑物、构筑物的各类电线绝缘层颜色选择应一致，并应符合下列规定：

（1）保护地线（PE）应为绿、黄相间色。

（2）中性线（N）应为淡蓝色。

（3）相线 L1、L2、L3 应分别为黄色、绿色、红色。

12）穿带线铁丝，不得将嘴对管口呼唤、吹气和眼睛正对管口观察，以防止带线弹力勾伤、戳伤嘴部和眼睛。

13）管内穿线时需两人协调配合，各在管口一端一人慢抽拉引线，另一人将导线慢慢送入管内，防止管口挤手。如穿线困难时，可用滑石粉润滑，严禁使用油脂和石墨粉作润滑物。

14）电线接头应设置在盒（箱）或器具内，严禁设置在导管和线槽内，专用接线盒的设置位置应便于检修。

15）剥削导线绝缘层时，其剥削长度应根据接线方式而定；常用的剥削工具有电工刀和剥削钳，一般 4mm² 以下的电线原则上使用剥线钳，使用电工刀时，以 45° 角倾斜切入绝缘层，当切近线芯时就应停止用力，接着应使刀面的倾斜角度改为 15° 左右，沿着线芯表面向前头端部推出，然后把残存的绝缘层剥离线芯，用刃口插入背部以 45° 角削断，过程中用力要适当，不可过猛。不允许采用刀刃在电线周围转圈剥削绝缘层的方法。

16）导线线芯与电器设备连接需要搪锡时，其熔化焊锡、锡块和工具要干燥，防止爆溅。

17）配线工程结束后，必须进行回路的绝缘检测，检测时应两人配合，一人摇测，一人搭接线并及时读数和记录。1kV 以下配电线路绝缘电阻值不应小于 0.5MΩ。

18）用绝缘电阻表测定线路电阻时，应防止有人触及正在测定中的线路和设备，雷电气候下禁止测定线路绝缘。

19）电气器具全部安装完在送电前，应先将线路上的开关、刀闸、仪表、设备等用电开关全部置于断开位置，再次逐个回路进行绝缘检测，确认绝缘合格后再进行送电试运行。

2. 导管敷设

1）钢导管不得对口熔焊连接，应采用螺纹连接，暗配管时可采用套管连接；壁厚小于等于 2.0mm 的钢导管不得采用套管熔焊连接。

2) 当非镀锌钢导管采用螺纹连接时，连接处两端应焊接跨接接地线。

3) 镀锌钢导管对接应采用螺纹连接或其他形式的机械连接，其跨接接地线不得采用熔焊连接，宜采用专用接地线卡跨接，跨接接地线应采用截面面积不小于 $4mm^2$ 的铜芯软线。

4) 需接地的金属导管，进入配电箱时应与箱体上的专用接地（PE）端子做电气连接。

5) 线槽敷设应有可靠的接地或接零，但不宜作为设备和施工中的接地导体。

2.2.5 电缆敷设

1. 安全管理规定

1) 电缆中必须包含全部工作芯线和保护的接零或接地芯线。需要三相四线制配电的施工临时电缆线路必须采用五芯电缆。五芯电缆中必须包含淡蓝、绿/黄两种颜色的绝缘芯线。淡蓝色芯线必须用作 N 线，绿/黄两种颜色芯线必须用作 PE 线，严禁混用。

2) 电缆敷设应采用埋地、沿墙壁、架空、电缆导管、电缆支架、桥架等方式敷设，严禁沿地面明设。

3) 架空电缆应沿电杆、支架或墙壁敷设，并采用绝缘子固定，绑扎线必须采用绝缘线。严禁沿脚手架、楼层或柱子的钢筋、树木或其他设施敷设。

4) 塑料绝缘电力电缆允许敷设最低温度，在敷设前 24h 内的平均温度以及敷设现场的温度不应低于 0℃，橡皮电缆不应低于 -15℃。

5) 敷设前应对电缆进行绝缘测试或耐压试验，1kV 以下的电缆用 1kV 摇表摇测线间及对地的绝缘电阻值必须大于 0.5MΩ。

6) 采用滚动搬运电缆时应按电缆盘上箭头指示方向滚动。无箭头时，可按电缆缠绕方向滚动，切不可反缠绕方向滚动，以免电缆松弛。严禁将电缆盘直接由车上推下和直接托运电缆。

7) 电缆放缆支架采用有底座的专用支架，架设地点选择以敷设方便为准，地面必须平实，无杂物，并将电缆盘上凸出的钉子等拔掉，以防转动时损伤人员。钢轴的强度和长度应与电缆盘重量和宽度相配合，电缆盘应有可靠的制动措施。

8) 敷设电缆时，应设安全员一名。具体负责电缆敷设全过程的安全工作。

9) 敷设电缆工程应专设现场总指挥，对电缆敷设进行统一指挥及调度，避免夜间施工。电缆敷设时，应用无线电对讲机联络，手持扩音喇叭指挥。

10) 电缆转盘前严禁站人，转盘应缓慢转动，防止脱杠或倾倒。电缆应从盘的上端引出，不应使电缆在支架上及地面摩擦拖拉。电缆不得有铠装压扁、电缆绞拧、护层断裂等未消除的机械损伤。

11) 电缆敷设可用人力拉引或机械牵引。人力拉引电缆时，要统一号令、力量均匀、速度要平稳，不得猛拉猛跑，防止人员相互推挤跌倒损伤。机械牵引可用电缆敷设机或电动绞磨，机械敷设电缆时，应在牵引头或钢丝网套与牵引钢缆之间装设防捻器，其牵引速度不宜超过 15m/min。

12) 严禁把电缆桥架当脚手架踩踏攀爬，不得在电缆桥架上站立、行走和作业。

13) 所有人员均应站在电缆的同一侧，处于拐角的人员必须站在电缆弯曲半径的外侧，切不可站在电缆弯曲度的内侧，以防挤伤事故发生。

14）在已送电运行的变电室内进行电缆敷设时，必须将电缆进入的开关柜停电，并与其他带电的设备采用绝缘隔板隔离，进出变电室电缆沟或电缆保护管，在电缆敷设完成后应将电缆沟封闭、保护管口堵实。

15）电缆落差较大时必须有预防电缆失控下滑的可靠安全措施。

16）电缆穿管处送电缆时双手不可距离管口太近，防止挤手；接应电缆时，眼睛及身体不可直对管口，防止戳伤。

17）对易受外部影响着火的电缆密集场所或可能着火蔓延而酿成严重事故的电缆线路，必须按设计要求的防火阻燃措施施工。

18）使用环氧树脂及沥青电缆胶时，操作地点应通风良好，并戴好防护用品。

19）制作电缆头使用锡焊容器时，下方不得站人，防止掉渣、烫伤。

2. 电缆头的安装

1）电缆终端与接头的制作，应由经过培训的熟练工人进行。

2）控制电缆除下列情况外不应有接头：

（1）当敷设的长度超过其制造长度时；

（2）必须延长已敷设竣工的控制电缆时；

（3）当消除使用中的电缆故障时。

3）三芯电力电缆终端处的金属护层必须接地良好；塑料电缆每相铜屏蔽和钢铠应锡焊接地线。

4）电缆终端上应有明显的相色标志，且应与系统的相位一致。

2.2.6　灯具、开关及附属设备安装

1. 施工准备

1）熟悉施工图纸，掌握施工规范要求，根据施工现场涉及的场所、环境、材料、设备、设施等找出针对性的危险源，并制定控制危险源的安全技术措施，并明确重点控制与监测部位及要求。

2）施工前对作业人员进行安全技术交底。安全技术交底的内容应包括：灯具、开关及附属设备分项工程概况、施工过程的危险部位和环节及可能导致生产安全事故的因素、针对危险因素采取的具体预防措施、作业中应遵守的安全操作规程以及应注意的安全事项、作业人员发现事故隐患应采取的措施、发生事故后应及时采取的避险和救援措施。安全技术交底应有书面记录，交底双方应履行签字手续。

2. 接线盒清理

1）预埋的接线盒应及时清理，并疏通电气管道。在清理顶棚预埋盒内杂物时，根据高度应使用合理的合梯，距合梯底 40～60cm 处要设强度足够的拉绳，不准站在最上一层工作。如高度超过合梯的使用范围，应搭设移动式脚手架或使用成套移动式平台，但应经监理单位验收并挂牌。

2）电线、电缆敷设及接线。在电气管道内穿线时，送线与拉线的人员应节奏一致，拉线的人员禁止猛拉猛拽，送线的人员应将电线理顺，避免电线、电缆在管道口弯曲，造成电线、电缆损伤。

3. 照明灯具、照明开关、插座、风扇安装

1）照明灯具、照明开关、插座、风扇安装前，应确认安装灯具的预埋螺栓及吊杆、吊顶上安装嵌入式灯具用的专用骨架已完成，对需做承载试验的预埋件或吊杆经试验应合格。

2）影响灯具安装的模板、脚手架应已拆除，顶棚和墙面喷浆、油漆或壁纸等及地面清理工作应已完成。

3）灯具接线前，导线的绝缘电阻测试应合格。测试时将电线、电缆连接成回路，引出支路接照明灯具、照明开关、插座、风扇，在配电箱位置处对所有回路进行绝缘测试，测试时应将各个回路的电线分开，禁止人员触碰电线。

4）高空安装的灯具，应先在地面进行通断电试验合格。

5）照明开关、插座、风扇安装前，应检查吊扇的吊钩已预埋完成、导线绝缘电阻测试应合格，顶棚和墙面的喷浆、油漆或壁纸等已完工。

6）根据灯具、吊扇的安装高度选择合适的合梯，合梯顶部应连接牢固，距合梯底部40～60cm处要设强度足够的拉绳。在光滑的地面上使用合梯，必须考虑防滑措施。

7）安装较重大的灯具，必须搭设脚手架操作，安装在重要场所的大型灯具的玻璃应有防止其碎裂后向下溅落的措施。

8）大型花灯安装前应先做过载试验。有指定安装用吊钩的、一般重量较小的可用手拉弹簧秤检测，吊钩不应变形。对施工设计文件有预埋部件图样的大重型灯具固定及悬吊装置，可选择一件其重量是灯具全重5倍的物件做悬吊物，用索具将其吊离地面20cm，时间15min，检查装置或预埋件是否有异常。如无异常应及时做好记录并交监理人员签字确认，方可进行灯具安装。

9）普通花灯可不做过载试验，但其吊钩圆钢直径不应小于灯具挂销直径，且不应小于6mm。

10）软线吊灯，灯具重量在0.5kg及以下时，采用软电线自身吊装，大于0.5kg的灯具应采用吊链，且软电线应编插在吊链内，使电线不受外力。

11）当钢管做灯杆时，钢管内径不应小于10mm，钢管壁厚不应小于1.5mm。

12）对吸顶安装的灯具，安装时应注意避让易燃物品，当无法避让时，应采取隔热措施或采用耐热材料垫进行隔热，确保使用安全。

13）灯具安装完成后应及时安装光源，注意检查灯具的光源功率不能大于灯具的允许功率。

14）在特别潮湿和有易燃、易爆气体及粉尘的场所，易燃、易爆场所应采用防爆开关、插座；潮湿场所应采用密封型并带保护地线触头的保护型插座，安装高度不低于1.5m。

15）在安装插座时，电线需烫锡时，锡锅要干燥，防止锡液爆溅，锡锅手柄处要使用隔热效果比较好的材料。

16）吊扇安装完毕后，必须进行通电试验，检查吊扇转动是否平稳，若不平稳及时查找原因。

17）在固定灯具吊杆、底盘采用冲击电钻钻孔时，电钻绝缘应可靠，顶板内钻孔严禁施工人员站在地面上，采用手持管子或木棍绑扎电钻的方式钻孔。

18）在梯子或架子平台上安装灯具、吊扇时严禁抛扔工具或杂物，应随身携带工具包，或将工具袋系在身上，防止异物掉落伤人。

19）在体育场馆等网架上安装灯具时，安装灯具下方应有专人看护，并设置人员禁入区。

2.2.7　配电箱、柜的安装

1. 施工准备

1）熟悉施工图纸，掌握施工规范要求，根据施工现场涉及的场所、环境、材料、设备、设施等找出针对性的危险源，并制定控制危险源的安全技术措施，并明确重点控制与监测部位及要求。

2）施工前对作业人员进行安全技术交底。安全技术交底的内容应包括：配电箱、柜分项工程概况；施工过程的危险部位和环节及可能导致生产安全事故的因素；针对危险因素采取的具体预防措施；作业中应遵守的安全操作规程以及应注意的安全事项；作业人员发现事故隐患应采取的措施；发生事故后应及时采取的避险和救援措施。安全技术交底应有书面记录，交底双方应履行签字手续。

2. 盘柜搬运

1）根据盘柜重量、运距长短，可采用汽车、汽车吊配合运输、人力推车运输、卷扬机滚杠运输、塔吊运输、井道内运输。

2）汽车运输配电箱、柜时，施工道路事先清理，保证平整畅通，用麻绳将设备与车身固定住，开车要平稳。

3）箱、柜吊装时，顶部有吊环，吊索应穿在吊环内；无吊环，吊索应挂在四角主要承力部位处，不得将吊索吊在设备部件上，吊索的绳长应一致，防止箱体或柜体变形或损坏部件。

4）人力搬运箱、柜时，施工人员应协调配合，步调统一，使力一致，杜绝箱、柜向一边倒的情况发生。

3. 基础型钢制作安装

1）基础型钢制作前，应将型钢用手持电动除锈机进行除锈，手持电动除锈机应做好接地连接。槽钢按盘柜底部尺寸大小制作，制作前将型钢调直，焊成四面封闭的框架，槽口向内，型钢基础应采用45°拼角连接，切割成45°拼角使用气割，切割和焊接时要注意防火安全，施工技术人员应开具动火证，动火人员须持证上岗，动火前清理动火点周围易燃物品，配置灭火器，氧乙炔瓶的间距大于5m，乙炔瓶减压阀前端必须安装防回火装置，气管和焊枪完好。切割和施焊时作业人员应穿戴合格的焊工服、焊工手套和电焊面罩，打磨时应佩戴防护眼镜。基础型钢焊接完成后，应刷防锈漆两遍，并刷面漆，刷漆作业应远离动火点至少大于10m。

2）按施工图纸所标位置，将基础型钢放在预埋铁件上（或套入固定用地脚螺栓），用水准仪或水平尺和卷尺找平、找正，需用的垫片最多不能超过三片，然后将基础型钢、垫片、预埋铁件焊接成一体。电焊施工安全同第1）条。

3）基础型钢安装完毕后，用水平尺或水准仪检验基础型钢的安装允许偏差，检查合格后，将室外引入室内的接地干线（一般选用镀锌扁钢）与基础型钢的两端焊接，焊接长度为扁钢宽度的二倍及以上，三面施焊。再将基础型钢刷两遍灰漆。电焊和刷漆施工安全同第1) 条。

4) 按盘柜的固定螺栓直径大小在基础型钢顶面上钻孔，孔径比螺栓直径大1.5～2mm。螺孔的位置和相互间形位尺寸要在对盘柜的底部固定用螺孔间测量后确定，并列安装的要进行预排。钻孔宜在固定台钻上进行，操作人员在台钻上操作时禁止戴手套，并对台钻并应做好接地措施。

4. 配电箱、柜的安装

1) 成套配电柜（台）、控制柜安装前，室内顶棚、墙体的装饰工程应完成施工，无渗漏水，室内地面的找平层应完成施工，基础型钢和柜、台、箱下的电缆沟等经检查应合格，落地式柜、台、箱的基础及埋入基础的导管应验收合格。

2) 墙上明装的配电箱（盘）安装前，室内顶棚、墙体、装饰面应完成施工；暗装的控制（配电）箱的预留孔和动力、照明配线的线盒及导管等经检查应合格。

3) 配电箱挂混凝土或砖墙明装时，用冲击钻在固定位置上钻孔，孔洞平直不得歪斜。在轻钢龙骨隔墙上安装时，应防止龙骨划伤身体，自攻螺丝固定时，防止自攻螺丝尖头部位刺伤后续工序的施工人员。

4) 配电箱暗装时，应一人将箱体稳住后，一人将箱体周围缝隙填实，防止箱体变形或歪斜。

5) 落地柜在基础槽钢上安装，盘柜撬动就位时人力应足够，指挥应统一，狭窄处应防止挤伤。

6) 配电箱、柜安装完毕后，箱、柜门必须上锁，防止人为损坏或丢失。

5. 送电运行验收

1) 变配电所受电一般应由建设单位备齐试验合格的验电器、绝缘靴、绝缘手套、临时接地线、绝缘胶垫、灭火器材等。

2) 进一步清扫盘柜及变配电室、控制室。应保证盘柜表面无损伤、无污染、油漆完好，设备用途标识清晰、正确。用吸尘器清扫电器、仪表元件，室内除送电需用的设备用具外，无关物品不得堆放。

3) 检查母线上、盘柜上有无遗留下的工具、金属材料及其他物件。

4) 明确试运行指挥者、操作者和监护人。检查送电过程中和通电运行后需用的票证、标识牌及规章制度应齐全、正确。

5) 安装作业全部完成，试验项目全部合格，并有试验报告。

6) 继电保护动作灵敏可靠，控制、连锁、信号等动作准确无误。

7) 编制受、送电盘柜的顺序清单，明确规定尚未完工或受电侧用电设备不具备受电条件的开关编号。

6. 送电

1) 高压受电由供电部门检查合格后，将电源送至高压进线开关上端头，经过验电、核相无误。

2) 由安装单位合进线柜开关，检查PT柜上电压表三相电压是否正常。

3) 合变压器柜开关，检查变压器是否已受电。

4) 合低压柜进线开关，查看电压表三相电压是否正常。

5) 逐级进行其他盘柜的受电。

6) 对低压联络柜进行核相检查。在联络开关未合状态下，可用电压表或万用表电压挡（500V），进行开关的上下侧同相校核。此时电压基本为零，表示两路电的相位一致。用同样方法，检查其他两相。

7) 对配电箱、柜进行检查、维修时，必须将其前一级的电源开关分闸断电，并悬挂停电标志牌，严禁带电操作。

8) 所有配电箱、柜送电应从上级到下级逐级合闸送电，停电应从下级到上级逐级分闸停电，但紧急故障停电除外。

9) 配电箱、柜送电后，必须悬挂送电警示牌，防止触电。

10) 送电空载运行24h，无异常现象，办理验收手续，交建设单位使用。同时提交变更洽商记录、产品合格证、说明书、试验报告、安装交工记录等技术资料。

2.2.8　机房设备安装

1. 施工准备

1) 熟悉施工图纸，掌握施工规范要求，根据施工现场涉及的场所、环境、材料、设备、设施等找出针对性的危险源，并制定控制危险源的安全技术措施，并明确重点控制与监测部位及要求。

2) 施工前对作业人员进行安全技术交底。安全技术交底的内容应包括：机房设备分项工程概况、施工过程的危险部位和环节及可能导致生产安全事故的因素、针对危险因素采取的具体预防措施、作业中应遵守的安全操作规程以及应注意的安全事项、作业人员发现事故隐患应采取的措施、发生事故后应及时采取的避险和救援措施。安全技术交底应有书面记录，交底双方应履行签字手续。

2. 机房设备安装

1) 机房设备安装前，机房环境应干净整洁，地面无杂物，无漏雨、无渗水，所有门窗必须完好，门窗闭锁应安全可靠。

2) 搬运设备机箱应做到安全可靠，搬运过程中必须注意人身、设备和建筑的安全。

3) 设备开箱时严禁采取硬敲、硬撬、硬砸的行为，避免箱内及现场其他设备的损坏，开箱后的包装材料应及时清离施工现场。

4) 机房内所有机架安装时需与地面做绝缘处理。机架的安装应端正牢固，机架底部和顶部应有安装加固螺孔，高度在2.2m以上的机架必须进行加固。

5) 机架安装应竖直平稳，垂直偏差不得超过1‰；几个机架并排在一起，面板应在同一平面上并与基准线平行，前后偏差不得大于3mm；两个机架中间缝隙不得大于3mm，对于相互有一定间隔而排成一列的设备，其面板前后偏差不得大于5mm，机架内的设备、部件的安装，应在机架定位完毕并加固后进行，安装在机架内的设备应牢固、端正。

6) 控制台位置符合设计要求，控制台应安放竖直，台面水平，附件完整，无损伤，螺丝紧固，台面整洁无划痕，台内接插件和设备接触应可靠，安装应牢固，内部接线应符合设计要求，无扭曲脱落现象。

7) 监控室内电缆的敷设应符合下列要求：采用地槽或墙槽时，电缆应从机架、制台底部引入，线路应理直，按次序放入槽内；拐弯处应符合电缆曲率半径要求。线路离开机架和控制台时，应在距起弯点100mm处捆绑，根据线路的数量应每隔100～200mm捆绑一次。当为活动地板时，线路在地板下可灵活布放，并应理直，线路两端应留适度余量，并标示明显的永久性标记。

8）监视器的安装应符合下列要求：监视器可装设在固定的机架或台上，监视器的安装位置使屏幕不受外界光直射，当不可避免时，应当加遮光罩遮挡，监视器的外部可调节部分，应暴露在便于操作的位置，并可加保护盖。

9）控制台背面与墙的净距不应小于1.5m，侧面与墙或其他设备的净距，在主要走道不应小于1.5m，次要走道不应小于0.8m。机架背面和侧面距离墙的净距不应小于0.8m。

10）终端设备安装应牢固，标志齐全、准确。

11）设备及基础、活动地板支柱要做接地连接。

3. 调试运行

1）严禁不经检查进行送电。

2）逐个检查各网络设备、PBX设备、信息点位的安装情况和接线情况。

3）各设备、点位检查无误后，对各设备点位逐个通电试验。

4）通电试验后，进行系统调试。

5）机房内设备投入运行后，必须悬挂警示牌，防止非相关人员触碰。

2.2.9 送电调试与试运行

1. 概述

建筑电气及智能建筑工程的电气主要包括10kV（6kV）变电所、民用建筑的用电设备和智能建筑的弱电系统。建筑电气变电所低用采用TN系统，民用建筑的用电设备和智能建筑的工作电源引自此类变电所。本节所提及的高压变电所就是指上述变电所。本节主要介绍高压变电所和智能建筑的弱电系统的送电调试与试运行施工安全技术及管理要求。

2. 高压变电所送电应具备的基本条件

1）组织与技术条件

（1）已成立送电领导小组、试运行指挥部及下设的试运行安装及调试班组、验收检查组等各组人员确定、到齐，责任明确，运作正常。

（2）送电前，送电领导小组审议以下内容：送电范围内的设备和系统是否达到安全送电的要求；单体调试及分系统调试工作是否已经完成且全部试验报告经审核合格；试运人员是否已配备齐全。

（3）运行人员已分值配齐，并通过培训、考试合格。生产单位已将有关规程、系统图、表、运行日志、运行用具备妥。投入的系统和设备已有统一命名、编号、标志、挂牌。

（4）调试人员已将送电方案编写好，经审查批准后，按进度要求对参加试运的有关人员进行了技术交底和安全交底。

2）送电现场条件

（1）相关的土建工程已按设计完工并进行了验收。送电区域场地平整、道路畅通，平台、栏杆、沟盖板齐全，障碍物、易燃物、垃圾等已全部清除干净。

（2）送电区域的照明已具备使用条件，事故照明安全可靠，可满足运行要求。

3）调试班组人员安全职责

（1）调试班组负责人的安全职责：

① 必须非常熟悉工地健康、安全与环保规程中的具体内容，并确保安全在施工中作为首要目标，为其他员工树立良好的榜样。

② 在整个施工过程中，要认真执行工地健康、安全与环保规程，并对所有危险因素进行有效地鉴定、分析、消除或控制。调试班组负责人都应该主动地参与安全工作，检查并纠正不安全行为。

③ 预防与工作有关的伤亡或疾病事故的发生。

（2）调试班组员工的主要职责：

① 在施工期间，任何员工都严禁带含有酒精的饮料。每一个员工必须严格遵守本项目的安全规章制度，并使用提供的安全设备和器具，从而使安全性成为他们工作的一个部分。必须主动参与现场的安全工作，以保护其自身的安全和不伤害其他雇员，并对其同伴的不安全行为提出警告。

② 所有员工都应该向其主管汇报其施工区域内的不安全状况、做法或行为，如果有可能还应进行纠正。鼓励员工对施工工地的安全状况提出改善意见。希望每一位员工都能遵循这些要求。

③ 每一位员工都有责任参与项目健康与安全计划和培训活动，并提出改善意见，另外，对于任何伤亡事故或不安全措施及其状况，都应向其主管汇报。

4）电气调试开工前的准备工作

（1）全体施工人员应贯彻"安全第一，预防为主，综合治理"的方针，将事故消灭在萌芽状态。

（2）全体施工人员在经过三级安全教育，切实领会安全教育精神、落实安全措施，并办好安全承诺书，方可参与施工。

（3）每天施工前必须进行安全教育和安全技术交底，使每一个操作者对工程内容及应采取的安全技术措施充分了解并严格执行。

（4）施工人员必须全部持证上岗。

（5）进入现场的施工机械设备，仪表必须经检验合格。

5）电气调试施工过程的安全控制

（1）严禁酒后进入施工现场，严禁无操作证进行电气调试。

（2）所有进入现场人员必须按要求戴好安全帽，穿戴好劳保防护用品，高空作业要系好安全带严禁不安全着装者进入施工现场。

（3）依托项目部，遵守项目部安全管理工作制度，项目部专职安全员必须要深入施工现场，及时准确发现事故隐患，提出处理意见，并监督整改，对违章作业现象，有权制止、处罚。施工人员严格遵循业主和项目部的各种规章制度，遵守工作纪律，做好现场文明施工工作。

（4）严格遵守电工安全操作技术规程和建筑安装安全技术规程有关规定。

（5）每天工作完成后要做到工完、料净、场地清，施工机具要摆放整齐，每天都要及时清理施工现场，保持好施工场环境卫生。

（6）各班组长作为兼职安全员，要遵守安全技术操作规程及各项规章制度，制止违章作业，对本班组实现安全生产负责，坚持安全活动，作好经常的安全教育。

（7）管理人员和施工作业人员经常检查各岗位的安全生产情况，发现隐患及时消除，不能消除者，应采取防范措施。

6）电气调试安全注意事项

（1）凡与电源连接的电气设备，未经验电，一律视为有电，严禁用手触摸。

（2）电气设备调试时，必须严格执行本工种的安全操作规程，对使用的机具，要仔细检查和必要的试验。

（3）原则上严禁带电作业，特殊情况下需要带电作业的，必须做好防触电措施并设专人监护。

（4）调试过程中防止误操作和误触电。坚持作好安全教育，认真执行安全操作制度，积极采取必要的技术改进措施，防止带负荷操作开关，带电挂接地线，误入带电间隔，作业时要挂警示牌。

（5）正确使用合格电气安全用具。绝缘操作杆的有效长度大于0.7m，绝缘手套使用前做外观检查和压气检查，发现有粘胶、破损、漏气的现象不准使用。绝缘靴不能使用含有酸或碱的溶液进行清洗，要保持干燥。高压验电器的操作手柄长度要在120mm以上，总长在700mm以上。在进行耐压试验过程中要拉设警戒绳，挂设警示牌。

（6）进行耐压试验和泄漏试验完毕后，要及时对被测物品进行充分放电，避免高压伤人。

（7）电气设备试验与调整，需由两个或两个以上的技术熟练的人员共同进行，试验负责人应由经验丰富的人员担任，一人操作一人监护。试验时，必须严格按照安全操作规程进行。

（8）电气设备的绝缘测试及耐压试验，应在干燥晴朗的良好天气情况下进行，不得在低温、高湿和阴雨等恶劣天气中进行。试验时环境温度不得低于+5℃。

（9）对电气设备及元器件进行单体试验前，必须先采用绝缘电阻表进行绝缘电阻测试。只有在使用非破坏性的方法确认电气设备的绝缘性能良好的情况下，方可进行诸如直流耐压试验、交流耐压试验等其他试验。

（10）在对电气设备进行耐压试验前、后均应测量其绝缘电阻，以比较耐压试验前后电气设备的绝缘变化情况，应无明显变化。电机（包含变压器）耐压试验，被试绕组短接接耐压线，非被试绕组短接接地。

（11）进行电气调整时所用的仪器仪表，应根据被调整的参数及其精度要求进行选取，所选取的仪器仪表的量程和准确度等级均应满足调整的要求。

（12）对于电气设备及电气系统的每一次试验和调整，均须做好原始记录，并且要准确。

（13）记录试验和调整时被试设备的温度以及周围环境的温度、湿度等有关资料。

（14）夜间作业应经项目部批准，并有足够的照明。

3. 送电安全技术及管理要求

1）送电应由具有丰富送电经验的电气技术人员和相关人员组成送电领导小组，统一指挥、调度，以确保送电工作的正常进行。

2）参与送电工作的人员，应严格遵守电气安全工作规程，操作时应穿绝缘鞋，戴绝缘手套，送电现场应悬挂标志牌或设置遮栏，以防止无关人员进入送电现场，确保人身安全和送电工作的正常进行。

3）电流互感器的二次线圈应成闭路或短接状态，防止二次侧出现高电压造成人员伤害。电压互感器的二次线圈应带负荷，防止二次侧短路起火。

4）送电应严格按已批准的送电方案或送电工作票执行，执行时一个操作，一个监护，履行唱票制度。

5）高压进线电缆送前测量绝缘电阻，测量值应合格，如绝缘不合格，应查明原因，再进行下一步。受电侧高压进线电缆所接位置送电前测量绝缘电阻，测量值应合格，如绝缘不合格，应查明原因，再进行下一步。受电侧高压母线及所附属的断路器、互感器送电前测量绝缘电阻，测量值应合格，如绝缘不合格，应查明原因，再进行下一步。

6）高压进线电缆先接受电侧的电缆，后接送电侧电缆，先后顺序严禁颠倒。接送电侧电缆时，所接部位与带电部位必须有明显断开点，且有保护措施防止误合。

7）高压每送一路电，必须测量出线绝缘电阻，绝缘电阻合格后方可送电。

8）高压不送电出线断路器必须拉到试验位置，且出线侧接地开关合上。

9）送电前，应检查送电线路与受电设备的连接是否正确，以免造成误送电。送电时，对于变配电系统，应先合隔离开关，再合断路器；断电时，则应先断开断路器，再断开隔离开关。

10）变压器送电，不允许在变压器的二次侧带负荷的情况下送电。

11）对于与机械设备相连接的低压电力拖动系统，送电前，应检查机械设备是否处于极限位置，如果处于极限位置则应手动盘车，使之离开极限位置，以免造成机械事故。送电时，则应先合主回路电源，后合控制回路电源，断电时反之。

12）对于与电力拖动有方向要求的，试运转前，应先将电力拖动的电动机与机械部分脱离，待电动机运转方向正确后，再与机械部分相连接，进行带负荷运行。

13）对于风机、水泵之类的负载，通电试运转前，应将阀门关闭，待运行正常后。再逐渐打开至工作位置。电动机在第一次通电试车时，应先以点动的方式启动、停止一次，以观察电动机的运转方向是否正确。如果运转方向正确，再正式启动运行。

14）试运转过程中，如发现有异常现象，应立即切断电源。查明故障原因并排除后，方可继续进行试运转。

15）低压配电箱送电，低压配电箱内开关必须在分闸位置。

16）低压送电要有措施，防止受电侧短路送电。

17）两路进线的，两路送电后，应在母联处核相，相位应一致。

4. 试运行安全技术及管理要求

1）试运行应由具有丰富送电经验的电气技术人员和相关人员组成试运行领导小组，统一指挥、调度，以确保试运行工作的正常进行。

2）参与试运行工作的人员，应严格遵守电气安全工作规程，操作时应穿绝缘鞋，戴绝缘手套，送电现场应悬挂标志牌或设置遮栏，以防止无关人员进入送电现场，确保人身安全和送电工作的正常进行。

3）试运行时，应严密监视电气设备及系统运行中的电压、电流等各种电气参数的变化并记录，以便能够及时地发现并排除试运转过程中出现的异常现象。

4）巡视高压设备时，不准移开或越过遮栏，雷雨天气，需要巡视室外高压设备时，应穿绝缘靴，并不准靠近避雷器和避雷针。

5）送电后的电气调试工作应执行《国家电网公司电力安全工作规程（变电部分）》相关规定。保证安全的组织措施（工作票制度、工作许可制度、工作监护制度、工作间断、转移和终结制度）和保证安全的技术措施（停电、验电、接地、悬挂标示牌和装设遮栏）。

6）送电后电气调试人员应了解以下电气常识：

（1）10kV 安全距离是 0.7m。

（2）交流安全电压为 50V，直流安全电压为 120V；接触高于安全电压会使人受到伤害。即使在安全电压情况下，如人两处接触电压或人湿度大也会使人受到伤害，所以接触裸露金属部位应用单手。开合低压配电箱门时，应用电表测量有无电压，防止配电箱门接地不好时有可能带电。

（3）不得带负荷拉或合隔离开关。

（4）进出高低配电柜需 2 人以上，不得 1 人长时间停留。

7）设备及系统经过一定时间（一般 72h）的试运行，一切正常后，便可向甲方进行交工。交工时应向甲方提供完整的试验报告及其他技术资料。

5. 智能建筑工程送电调试与试运行施工安全技术与管理要求

智能建筑工程包括：通信网络系统、信息网络系统、建筑设备监控系统、火灾自动报警及消防联动系统、安全防范系统、综合布线系统、智能化系统集成、办公自动化系统、住宅（小区）智能化等。

1）调整试验应具备的条件，相关的土建施工已结束，变电所已送电，相关的电气设备安装已基本结束。

2）调整试验前应制定有效的安全、防护措施，进行安全交底，并应遵照安全技术及劳动保护制度执行，参加调试的特种作业人员应持证上岗。

3）安全工器具必须先经过有资质的单位检验合格，使用前经检查合格后方可使用。

4）试验过程中应及时清理现场，熄灭火源及其他危险源，杜绝事故，并专门委托一人作为监护和检查。

5）登高作业，脚手架和梯子应安全可靠，梯子应有防滑措施，不得两人同梯作业。

6）遇有大风或强雷雨天气，不得进行户外高空安装作业。

7）进入施工现场，应戴安全帽。高空作业时，应系好安全带。

8）施工现场应注意防火，并应配备有效的消防器材。

9）在安装、清洁有源设备前，应先将设备断电，不得用液体、潮湿的布料清洗或擦拭带电设备。

10）设备应放置稳固，并应防止水或湿气进入有源硬件设备。

11）应确认电源电压同用电设备额定电压一致。

12）硬件设备工作时不得打开设备外壳。

13）在更换插接板时宜使用防静电手套。

14）执行机构电动机和低压配电箱的送电详见变电所送电的有关部分。

15）系统试运行的条件：

（1）建设单位应有经过专门培训并经过考试合格的专门负责系统管理、操作、维修及相关专业技术人员（如消防）的人员。

（2）应有操作规程、值班员职责、值班记录及图表、技术资料等。

（3）系统竣工图、接线图。

（4）全员的安全、消防教育已全面进行并验收合格。

16）设备及系统经过一定时间的试运行，一切正常后，便可向甲方进行交工。交工时应向甲方提供完整的试验报告及其他技术资料。

2.3　通风空调工程

2.3.1　概述

通风空调主要功能是为提供人呼吸所需要的氧气，稀释室内污染物或气味，排除室内工艺过程产生的污染物，除去室内的余热或余湿，提供室内燃烧所需的空气，主要用在家庭、商业、酒店、学校等建筑。

1. 通风系统分类

1）根据通风服务对象的不同可分为民用建筑通风和工业建筑通风；

2）根据通风气流方向的不同可分为排风和进风；

3）根据通风控制空间区域范围的不同可分为局部通风和全面通风；

4）根据通风系统动力的不同可分为机械通风和自然通风。

2. 通风空调系统组成

防排烟系统：风管与配件制作、部件制作、风管系统安装、排烟风口、常闭正压风口安装、设备安装、风管及设备防腐、系统调试；

送排风系统：风管与配件制作、部件制作、风管系统安装、设备安装、风管及设备防腐、系统调试；

除尘系统：风管与配件制作、部件制作、风管系统安装、除尘器及设备安装、风管及设备防腐、系统调试；

空调系统：风管与配件制作、部件制作、风管系统安装、消声器制作安装、高效过滤器安装、净化设备及空调设备安装、风管与设备绝热、系统调试；

净化空调系统：风管与配件制作、部件制作、风管系统安装、消声器制作安装、设备安装、风管及设备防腐、风管与设备绝热、系统调试；

制冷系统：制冷机组安装、制冷剂管道及配件安装、制冷附属设备安装、管道及设备的防腐及绝热、系统调试；

空调水系统：冷热水管道系统安装、冷却水管道系统安装、冷凝水管道系统安装、阀门及部件安装、冷却塔安装、水泵。

3. 通风空调分项工程

《通风与空调工程施工质量验收规范》（GB 50243—2002）中按通风与空调工程施工的特点将本分部工程分为风管制作、风管部件制作、风管系统安装、通风与空调设备安装、空调制冷系统安装、空调水系统安装、防腐与绝热、系统调试、竣工验收和工程综合效能测定与调整等十个具体的工艺分类项目。

2.3.2 风管制作

风管制作安全注意事项

施工过程安全要求：

1）进入施工现场必须正确佩戴安全帽，穿工作鞋、工作服。

2）开始工作前，应检查周围环境是否符合安全要求，如发现危及安全工作的因素，应立即向施工负责人报告，清除不安全因素后，才能进行工作。

3）搬运钢板时要带好工作手套，以免划伤。

4）机械操作人员在作业过程中，应集中精力正确操作，不得擅自离开工作岗位或将机械交给其他无证人员操作，严禁无关人员进入作业区。

5）操作人员应应遵守机械有关保养规定，认真及时做好各级保养工作，经常保持机械的完好状态。

6）熔锡时，锡液不许着水，防止飞溅。盐酸要妥善保管。

7）在风管内铆法兰及腰箍冲眼时，管外配合人员面部要避开冲孔。组装风管、法兰孔应用尖冲撬正，严禁用手指触摸。吊装风管所用绳索要牢固可靠。

8）在高处作业时，所用工具应放入工具袋内。

9）使用剪扳机、三用切断机及其他施工机械时，应严格按照机械安全操作规程作业，防止发生人身事故。

当然，随着通风使用加工和安装机械的多样化，以上几点是远远不够的，但目前尚无全国通用的通风工安全技术规程，下面以北京市的通风空调安全操作规程为例进行介绍。

一般规定操作时用火，必须申请用火证，清除周围易燃物，配足消防器材，应有专人看火和防火措施。下料所裁的铁皮边角余料，应随时清理堆放指定地点，必须做到活完料净场地清。操作前应检查所用的工具，特别是锤柄与锤头的安装必须牢固可靠。活扳手的控制螺栓失灵和活动钳口受力后易打滑和歪斜不得使用。操作使用錾子剔法兰或剔墙眼应戴防护眼镜。錾子毛刺应及时清理掉。在风管内操作铆法兰及腰箍冲眼时，管内外操作人员应配合一致，里面的人面部必须避开冲孔。

人力搬抬风管和设备时，必须注意路面上的孔、洞、沟、坑和其他障碍物。通道上部有人施工，通过时应先停止作业。两人以上操作要统一指挥，互相呼应。抬设备或风管时应轻起慢落，严禁任意抛扔。往脚手架或操作平台搬运风管和设备时，不得超过脚手架或操作平台允许荷载。在楼梯上抬运风管时，应步调一致，前后呼应，应避免跌倒或碰伤搬抬铁板必须戴手套，并应用破布或其他物品垫好。

2.3.3 风管安装

风管安装安全注意事项：

1）安装使用的脚手架，使用前必须经检查验收合格后方可使用。非架子工不得任意拆改。使用高凳或高梯作业，底部应有防滑措施并有人扶梯监护。

2）安装风管时不得用手摸法兰接口，如螺丝孔不对，应用尖冲撬正。安装材料不得放在风管顶部或脚手架上，所用工具应放入工具袋内。

3）楼板洞口安装风管，在开启预留洞口的钢筋网或安全防护盖板前应向总承包单位提出申请，办理洞口使用交结手续后，方可拆除。操作完毕应将预留洞口安全防护盖板恢复好，盖严盖牢。

4）在操作过程中，室内外如有井、洞、坑、池等周边应设置安全防护栏杆或牢固盖板。安装立风管未完工程，立管上口必须盖严封牢。

5）在斜坡屋面安装风管、风帽时，操作人员应系好安全带，并用索具将风管固定好，待安装完毕后方可拆除索具。

6）吊顶内安装风管，必须在龙骨上铺设脚手板，两端必须固定，严禁在龙骨、顶板上行走。

7）安装玻璃棉、消音及保温材料时，操作人员必须戴口罩、风帽、风镜、薄膜手套，穿丝绸料工作服。作业完毕时可洗热水澡冲净。

2.3.4 管道保温

管道保温施工安全注意事项：

1）在紧固钢丝或拉钢丝网时，用力不得过猛，不得站在保温材料上操作或行走。

2）从事矿渣棉、玻璃纤维棉（毡）等作业，衣领、袖口、裤脚应扎紧。

3）设备、管道保温前，应先进行检查，在确认无瓦斯、毒气、易燃易爆物或酸类等危险品，方可操作。

4）聚苯乙烯使用加热切割，应使用 36V 电压。

5）装运热沥青不准使用锡焊的金属容器，装入量不得超过容器深度的 3/4。

6）苯、汽油应缓慢倒入粘结剂内并及时搅拌。调制时，距明火应不少于 10m。

2.3.5 通风空调设备安装

1. 通风空调设备安装流程

1）编制吊装方案，并由公司级技术负责人严格审批。

2）安装前先熟悉图纸、设备说明书、设备重量、运行方向、吊装点。

3）开箱检查设备、附件、底座螺栓。

4）吊装、找平、找正、垫垫、灌浆、螺栓固定、装梯子、配合钻孔、口缝涂密封胶、试装、正式安装。

2. 通风空调设备安装安全注意事项

1）凡是从事设备安装工作的人员应执行国家、行业有关安全技术规程。

2）新参加工作的工人应进行安全技术培训和教育，没有经过安全技术教育的人不得上岗施工，对本工种安全技术规程不熟悉的人不得独立作业。

3）凡编制施工组织设计或施工技术措施文件时，应同时编制切合实际情况的安全技术措施。

4）凡参与设备安装施工的电焊工、气焊工、起重吊车司机和现场叉车司机，必须经过当地劳动部门安全培训考试合格后方可参与施工。

5）土建、装饰、安装等几个单位在同一现场施工时，必须共同拟定确保安全施工的措施。否则不许工人在同一垂直线下方工作。

6）设备吊装必须按施工方案规定选用索具、工具以及机械设备。

7）吊点应按技术资料指定部位，如无据可查应使吊点设在质心以上且不得损坏设备。

8）钢丝绳吊索挂好后，应稍加受力，以调整使千斤受力均匀，同时也使设备的部件保持平衡。然后再起吊离地510cm检查是否平衡，一切正常后方可正式起吊。

9）严禁在精加工面、传动轴上捆扎千斤或扛撬。

10）设备组装或就位对孔时严禁用手插入连接面或用手去摸螺丝孔。

11）设备和附件未经固定或放稳，严禁松钩。

12）严禁易滚动或未经捆扎的工件，随设备或部件一并起吊。

13）擦洗机件或设备的汽油、柴油等易燃物应按防火规定妥善处理，严禁明火靠近。

14）拆装部件或调整间隙时，必须切断电源，拆去保险丝并挂上"有人操作，禁止合闸"等警告牌。

15）拆装配件时，轴和精密工件应用铜棒、木棒或橡皮锤，不得用大锤敲打。

16）将轴吊起后，在其下面检查时，必须将捯链的链子打结保险。

2.3.6　通风空调系统调试

1. 调试检查内容

1）在单机调试时工程师应采取旁站的方式，检查设备的接线及各组装部件的组合状态是否符合安装说明文件要求。在系统调整过程中，工程师应采用巡视的方式，检查的内容主要有：

（1）调试的人员是否具备资格；

（2）测试调整的方法是否正确；

（3）调试的记录是否完整；

（4）调试过程是否按方案进行；

（5）调试工作的是否符合工作计划要求。

2）在施工单位调试结束，持报验单报验后，工程师应按照规范要求进行抽检。检查的内容有：

（1）设备运行参数是否符合设备技术说明书的要求；

（2）末端设备的参数是否符合设计要求；

（3）室内参数是否符合设计要求。

2. 通风空调调试安全注意事项

1）进入施工现场进行施工作业时必须穿戴劳动防护用品。在高处、吊顶内作业时要戴"安全帽"。

2）高处作业人员应按规定轻便着装，严禁穿硬底、铗掌等易滑的鞋。

3）所使用的梯子不得缺挡，不得垫高使用，下端要采取防滑措施。

4）在吊顶内作业时一定要穿戴利索，切勿踩在非承重的地方。

5）在开启机组前，一定要仔细检查，以防杂物损坏机组，调试人员不应立于风机的进风方向。

6）使用仪器、设备时要遵守该仪器的安全操作规程，确保其处于良好地运转状态，合理使用。

3. 调试阶段

1）工程人员在调试阶段首先要审查安装单位调试方案和调试计划。民用建筑通风空调工程调试一般分设备单机试运转和综合效能调试。

2）设备单机试运转工程质量控制主要在于检查设备运行状况、测定设备运行的相关参数，重大设备如制冷设备可能由生产厂家进行单机调试。监理工程师应在单机试运行阶段保证参数记录的真实性、数据分析的精确性，为以后综合效能调试打好基础。

3）在综合效能调试中，监理工程师质量控制应做到以下几点：

（1）检查系统管道应安装完毕，阀门应调到相应的位置，机房是否清洁卫生。

（2）设备单机试运行后可正常运行，测定数据完整无缺。

（3）电气控制操作已完成，BAS系统等也已安装调试。

（4）在开始调试运行中，应对测试项目仔细观察，得出第一手资料，并及时进行调整，使之满足设计要求。

（5）调试结束后，要督促施工单位填写相应的资料，作为日后正式运行的重要依据。

（6）通风空调工程设备综合效能调试完毕后，施工单位需组织工程师对使用单位具体操作人员进行现场指导和岗位培训，让操作人员熟悉掌握操作、维护方法。并要求施工单位编写用户手册，为用户今后操作、维护、检修提供方便。

4）调试工作总结：

随着我们经济的高速发展，高楼大厦如雨后春笋般拔地而起，中央通风空调的安装越来越普及。但是使用单位的要求越来越高，既要经济实用，又要安全可靠，而且操作、维护、检修方便。这就更要求工程质量安全，调试工作尤为重要。只要以加强预控和组织协调为主要手段，在工程实施的每个环节控制质量，就会达到设计的预期目标。正确的调试方法对整个通风空调系统工程是一个有效的监控，也是对系统的实用质量以及对人们生命财产安全的严格制约。正确的调试方法对调试工作起到一定的促进作用。

2.4 电梯工程

2.4.1 概述

电梯是指动力驱动，利用沿刚性导轨运行的箱体或者沿固定线路运行的梯级（踏步），进行升降或者平行运送人、货物的机电设备，包括载人（货）电梯、自动扶梯、自动人行道等。电梯安装作为一种特殊工种，从安装到维修保养乃至使用都存在诸多不安全因素和隐患，轻者可能会使国家财产受到损坏，重者会造成人员伤残或死亡事故。随着电梯数量的逐年增多，人员伤亡事故屡有发生。政府相关部门对此曾多次发文，报纸媒体对此也多有报道。作为电梯安装行业，如何消除电梯安装过程中存在的隐患，确保杜绝电梯安装过程中的生产安全事故，也成为电梯安装行业的重要课题。

1）电梯安装相关法律法规

（1）特种设备安全法。

（2）《特种设备安全监察条例》。

（3）《电梯制造与安装安全规范》（GB 7588—2003）。

（4）地方性标准及要求。

2）人员管理

从事电梯安装、改造、维修和日常维护保养作业的人员，应当取得相应的《特种设备作业人员证》。其中，从事电梯安装、改造作业的人员，应当取得电梯安装项目资格；从事电梯维修、日常维护保养作业的人员，应当取得电梯维修项目资格。未取得《特种设备作业人员证》的人员，不得上岗作业。电梯安装从业人员必须相关部门核发的电梯安装特种作业操作证方可上岗作业。

3）培训教育

（1）新入场从业人员必须经过三级安全教育（公司级、项目及、班组级），并经考核合格方可进场施工；

（2）入场安全培训时长应不少于24学时（如有地方性规定，以当地规定为准）；

（3）培训内容应包含：①安全生产法律、法规和规章；②安全生产规章制度和操作规程；③岗位安全操作技能；④安全设备、设施、工具、劳动防护用品的使用、维护和保管知识；⑤生产安全事故的防范意识和应急措施、自救互救知识；⑥生产安全事故案例；

（4）培训后应建立完整、有效的培训档案。

4）制度建立

（1）安全生产例会制度；（2）安全生产教育和培训制度；（3）安全生产检查制度；（4）事故隐患排查治理制度；（5）特种作业人员管理制度；（6）领导现场带班制度；（7）劳动防护用品配备和使用管理制度；（8）安全生产奖惩制度；（9）生产安全事故报告和调查处理制度；（10）安全生产资金保障制度；（11）危险源管理制度；（12）应急预案管理和演练制度；（13）其他安全生产管理制度。

5）电梯安装、拆除一般安全管理规定

（1）作业人员必须熟悉电梯安装、拆除操作规程各项内容、企业内部的安装工艺标准以及电梯厂家提供的技术资料和随机文件。

（2）安装、维修、拆除电梯施工前，在所编制的施工组织设计（施工方案）中必须编制有针对性的安全技术措施，对作业班组全体人员进行交底，交底人、作业人员在交底书上签字，并跟踪落实。

（3）进入施工现场，遵守现场的安全生产各项规定，正确使用个人防护用品和施工现场设备设施，进入现场戴安全帽，高处作业带安全带，从事机电作业必须穿戴合格防护用品。必须服从现场安全检查人员的监督，不违章指挥，不违章作业，不违反劳动纪律。

（4）每日上班前，班组长应结合当天的任务，向班组进行班前安全讲话，布置安全生产的各项要求，工作前检查工作环境和设备设施，符合安全规定，方可开始作业。

（5）在井道工作时应随身携带工具袋，随时将暂不用的工具，部件放入袋内，做到干活脚下清，脚手架不得存留杂物。

（6）安装或拆除电梯时梯井门口必须有临时安全防护门，并挂有高处坠落危险标志牌；维修电梯时厅门关闭可靠，禁止开门或短接厅门；在厅门口打开厅门寻找轿厢时，人体重心应向后移，将厅门打开约10cm缝隙观看，若无轿厢应立即将厅门关闭。

（7）在轿顶或坑中安装操作时，必须先断开相应的开关后，才准进行安装检查维修工作；在轿厢外围作业时，必须将轿厢停在最低层，断开动力及控制电源开关，取下保险器，挂上有人工作，禁止送电的标志。

2.4.2 施工准备

1. 梯井内施工风险分析

在梯井内施工中，危险源多集中于高处作业、手持电动工具使用等环节，同时梯井内照明不足、临时用电布置及使用不当，也易发生事故。所以防止高处坠落、物体打击及触电事故应作为梯井内施工安全管控重点。

1）梯井内脚手架搭设基本安全要求可参照本书"脚手架工程"相关规定。

2）梯井内施工用火、用电安全技术可参照本书通用章节。

2. 设备拆存

1）拆设备箱时，箱皮要随拆随清理，设备及材料应分类堆放，易燃品必须严格单独保管，使用后的残油要及时妥善处理。

2）曳引机等重型设备应根据建筑物要求放于承重梁上或分散垫板堆放，电气设备应有防雨措施。

3）长形部件及材料不得立放，如需立放时必须有防倾倒的措施。

2.4.3 电梯安装安全技术规定

1. 样板架设

1）为保证样板的牢固准确，在制作样板时，样板木、架样板木方的木质，强度必须符合安全要求。

2）架样板木方应按工艺要求牢固地安装在井道壁上，不允许作承重它用。

3）放钢丝线时，钢丝线上临时所拴重物重量不可过大，必须捆牢，防止钢丝折断，重物下落，放线时下方不可站人。

2. 导轨及其部件安装

1）剔墙、打设膨胀螺栓

（1）操作时应站好位置，并系好安全带，戴防护眼镜，手持拿榔头得戴手套，不允许上下交叉作业，剔墙必须集中精力，防止砸手。

（2）电锤应用保险绳拴住，电锤打孔不得用力过猛，防止遇钢筋卡住。

（3）剔下的混凝土块等物，应边剔边清理，不允许留在脚手架上。

2）导轨支架的安装

（1）导轨支架应做到随稳随取，不可大量堆积于脚手板上。

（2）导轨支架与预埋铁先行，每侧必须上、中、下三点焊牢，待导轨调整完毕之后，再按全位置焊牢。

（3）在井道内紧固膨胀螺栓时，一定要站好位置，对好扳子开口，系好安全带，手握扳子与墙要注意保持距离，紧固时用力不要过猛。

3）导轨安装

（1）做好立道前的准备，根据安全技术措施具体的要求，派架子工对脚手板等进行重新铺设，必须符合规程要求。准备好导轨吊装的通道，挂滑轮处按规定进行加固，必须满足吊装轨道承重的安全需要。

（2）采用卷扬机立道，对所用起重工具设备必须检查确认符合规定，才准操作。

（3）立轨道时做到统一行动，密切配合，指挥信号清晰明确，吊升轨道时，下方不准站人，并指派专人随层进行监护，作业人员听从指挥。

（4）轨道就位连接或轨道暂时立于脚手架时，回绳不可过猛，导轨上端未与导轨支架固定好时，不准摘下吊钩。

（5）紧固压道螺栓和接道螺栓时，上下配合好，防止挫伤挤伤。

4）导轨调整。

（1）进行导轨调整工作时，上下脚手架要绑有梯道。

（2）所用的工具器材（如垫片、螺栓等）要随时装入工具袋内或随身携带，不得在脚手架上乱放。

（3）对于无围墙梯井，如观光梯，严禁利用后沿的护身栏当作梯子使用，墙外必须按高处作业的规定支设安全网。

5）厅门及其部件安装

（1）安装上坎时（尤其是货梯）必须互相配合好，上坎如重量较大，宜用滑轮等起重工具进行。

（2）厅门门扇的安装应按工艺要求进行，必须有针对性防坠落措施。

（3）井道防护门在厅门系统正式安装完毕前严禁拆除。门锁未起作用时，必须采取安全技术措施，在外不能扒开。

6）机房内机械设备安装

（1）搬抬钢梁、主机、控制柜等应互相配合；

（2）进行曳引机吊装前，必须校核吊装环的载荷强度；曳引机的吊装就位必须按照设备说明书，必须研究拟定安全技术措施后，方可吊装。

（3）工作时下方严禁站人。

7）井道内运行设备安装

（1）安装对重

① 安装前检查捯链及承重点是否符合安全要求。

② 对重框架吊装时，井道内部不可站人，其放人井道应用溜绳缓慢进行。

③ 导靴安装前，安装中不可拆除捯链，并应将对重框架支持牢固、扶稳，防止倾倒、摇摆。

④ 安装对重块应放入一端再放入另一端，两人必须配合协调，对重块重量较大时，宜采用吊装工具进行。

（2）轿厢安装

① 安装前，轿厢下面的脚手架，必须满铺脚手板。

② 捯链、钢丝绳等工具，使用前应进行检查合格，捯链固定要牢固，不得长时间吊挂重物。

③ 两人以上扛抬重物要互相密切配合，（如：上下底盘）部件必须拴牢。

④ 吊装底盘就位时，应用捯链或溜绳缓慢进行，操作人员不得站在井道内侧。

⑤ 吊装上梁，轿顶等重物时，必须捆绑牢固。

（3）钢丝绳安装

① 放测量绳线时，绳头必须拴牢，下方不准站人。

② 放钢丝绳时，要有足够的人力，人员严禁站于钢丝绳盘线圈内，手脚应远离导向物体；采用直接挂钢丝绳工艺，制作绳头时，辅助人员必须将钢丝绳拽稳，不得滑落。

2.4.4 梯井内无脚手架施工

采用电梯自升安装方法施工应参照厂家相关要求进行，所需搭设的施工临时操作平台，必须符合脚手架有关规定。最高层操作平台要满铺脚手板并在下方悬挂水平安全网。架体本身做到不倾斜、不摇晃。严禁操作平台未与楼层保持平层时上下平台。

2.4.5 电梯调试和试运行

1. 慢车准备及慢车运行

1) 慢车初次运行之前，必须具备以下条件：

(1) 缓冲器安装调整完毕，液压缓冲器注油。

(2) 限速器安装调整完毕。

(3) 抱闸调整完毕，其动作可靠无误。

(4) 急停回路中各开关作用准确可靠。

(5) 上、下极限开关安装调整完毕，并投入使用。

2) 轿顶护身栏安装完毕，轿顶照明完备。

3) 井道内障碍物清除，孔洞堵严，保证运行中不碰撞。

4) 因故厅门暂不能关闭，必须派专人监护，装好防护栏，挂警告牌。

5) 在初次运行之前未装修好门套部分，必须将门厅两侧空隙封严，物料不得伸入梯井。

6) 暂不用的按钮应用铁盖等措施保护封闭。

7) 慢车运行，任何人在任何地方使轿厢运行时（机房、轿顶、轿内）必须取得联系一致，方可运行。

8) 在轿顶工作人员应选好位置，并注意井道器件，建筑物凸出结构、错车（与对重交错）位置，以及复绕绳轮。到达预定位置开始工作前，必须扳断电梯轿顶（或轿内）急停开关，再次运行前，方可恢复。

9) 在任何情况下，不得跨于轿厢与厅门门口之间进行工作。严禁探头于中间梁下、厅门口下，各种支架之下进行工作。如不得已，必须切断电源。

10) 严禁相邻两部电梯同时安装作业。

11) 轿厢因故停驶，轿厢底坎如高于厅门底坎 600mm，轿内人员不得向外跳出轿厢。

12) 在机房内，应充分注意曳引绳、曳引轮、抗绳轮、限速器等运动部分，必要时设置围栏或其他防护装置，严禁手扶。

2. 快车准备及快车运行

1) 快车运行之前，上述慢车运行的各条必须全部满足，安装工作全部结束后，快车运行还必须具备以下条件：

(1) 经过慢车全程试车，各部位均正常无误。

(2) 各种安全装置，安全开关等均动作灵敏可靠。

（3）各层厅门完全关闭，机、电锁作用可靠。

2）快车运行中，轿顶不允许站人。

3）电梯试车过程中严禁携带乘客。

4）进行局部的检查及调整工作，应做到：

（1）在机房工作时，应将主电源切断，挂好标志牌，并派专人监护。

（2）盘车时，应将主电源切断，并采取断续动作方式，随时准备刹车。无齿轮电梯不允许盘车。

（3）在各层工作时，进入轿厢前必须确认其停在本层，不得只看楼层灯即进入。在底坑工作时应切断急停开关或将动力电源切断。

（4）电梯的动力电源有所改变时，再次送电之前，必须核对相序，以防电梯失控或电机烧毁。

3. 调整试车的安全技术规定

1）检查机械电气设备安装应具备调整试车条件。

2）检查电气设备外露的导电部分的保护线应连接正确，接地可靠，端子标志清晰。

3）摇测电气设备导体间及导体对地的绝缘电阻不得小于 0.5MΩ。

4）检查电气机械控制的各安全保护开关动作灵活，功能可靠。

5）制动器的制动和动作行程应按厂家的要求调整。制动器在制动时，闸瓦与制动轮接触严密无间隙，松闸时制动轮无摩擦，间隙平均值不大于 0.7mm。

6）全程检修点动运行，应无卡阻，各部位的安全间隙符合规范要求。

7）检查运行时厅轿门必须关严，厅轿门锁电气接点必须投入运行。

8）轿顶检查时，人体不可探出轿顶范围之外，人不能站在轿厢与厅门之间。在轿顶检修工作时，应断开紧急安全开关。

9）检查安全钳机构传统系统，人为的提升限速器绳，安全钳应可靠的挟紧道轨，安全钳开关动作接点断开。

10）检查限位、极限及上下强迫缓速开关，安装位置正确，动作可靠。

11）调整电梯的平衡系数应在 40%～50% 之间。

4. 试车中的安全技术规定

1）按制造厂技术说明规定或安全技术措施交底的步骤方法和要求进行。

2）试运过程中除操作人员，其他任何人不得乘梯。轿在行驶中，严禁人员出入。

3）调试必须分工明确，统一指挥，各负其责。

4）调试中司机接到指挥命令后，开车前应向对方重复命令，方可开车。

5）试车中轿顶一般不得站人，如因需要轿顶工作人员站在轿顶中间，禁止身体探出轿顶之外。

6）无齿轮电梯严禁采用摇车的方法移动轿厢。

7）电梯故障停止或轿厢地坎高于厅门地坎时，应由调试或维修人员前去解救。

8）在底坑、轿顶、机房进行检修工作必须断电。

9）调试中需带电工作时，应有防护措施，专人监护。当设有双路供电时，应检查相序正确一致，才可运行。

5. 冬季用梯相关规定

冬季用梯，曳引机应加冬季用油（低温齿轮油），若停梯时间较长，应检查润滑油情况，如查有凝结现象，必须采取措施处理后，方可开车。

2.4.6 电梯维修安全技术

1）凡新进驻的维修点，必须根据单位情况，结合维修梯型、梯种、作业环境、设备设施、施工条件和作业人员的技术、安全素质，拟定维修电梯施工方案的有针对性安全技术措施，并向全体作业人员详细讲解安全技术措施的要求，没有安全技术措施或未进行安全技术措施交底，不得施工。

2）对大修工程进点后，由施工负责人与用户管理部取得联系，共同研究保证施工安全和用户单位人员的安全，在门口和维修电梯的梯门口显要部位悬挂安全警示牌，以示警告。

3）每天班前根据当天任务，由带班人进行安全讲话，检查个人防护用品穿戴齐全，方准上岗作业。

4）维修大、中、急修理工程，必须事先征得用户主管部门同意，共同采取消防安全措施，并检查清除作业区易燃物，动火时配好消防器材、用具，设专人监护，坚持用一次开一次用火证。

5）电梯维修、保养作业，不得少于两人，严禁酒后操作和闲谈打闹。

6）电梯维修作业，只允许开检修速度，维修作业完毕，正常速度试车时，工作人员应在轿厢内操作。

7）电梯在保养或维修作业期间，禁止载客，电梯行走时（包括摇车行走）严禁人员出入。

8）不准在机房控制屏上强行操作开门，如确需在机房开门时首先要搞清楚轿厢所停位置，必须符合安全出口要求，并派专人在轿厢所在层进行监护。

9）进入轿厢前，首先看清确认轿厢是否停在本层，不能只看层灯即进入厅门。进入轿厢后要检查操作盘各按钮是否灵敏可靠，急停开关是否起作用。

10）在轿厢内检修保养时，严禁将外厅门敞开走车。如检查门锁时，检查完毕及时将门关好。因故厅门暂不能关闭时，必须派专人监护或装好牢固的防护栏，挂好明显警示牌，及时通知用户，确防他人误入。

11）电梯司机开车应听从带班人的统一指挥，事前应对轿厢顶各开关进行检查，确认安全可靠，以操作轿顶按钮开车，每次开车前，要与所有有关人员呼应联系，确认无误后，方准开车。

12）在任何情况下，不可跨在轿厢与厅门之间进行工作。严禁将身体某部位探于中间梁下，厅门口和各种支架之下进行工作，如特殊需要，必须有切实可行的安全措施，并切断总电源。

13）多部电梯同时进行作业时，相邻电梯工作人员要互相呼应关照，如确实难以保证安全时，应将维修的相邻电梯停止运行。

14）在轿顶维修运行时，身体各部不得超越轿厢顶范围。

15）在机房内进行维修时，除因工作需要确保安全外，必须将电源开关切断，挂有人工操作的警示牌，并派专人监护。

16）曳引机钢丝绳及各转动部件，应有防护装置，在与下方人员联络时，不得手扶或身靠绳轮或钢丝绳。

17）在机房操作轿厢时，必须与轿厢内和轿厢上的人员联系好，将轿门、厅门安全关闭，门锁作用正常，严禁在厅门敞开情况下，开动轿厢。

18）维修工作需在机房进行摇车时，必须与轿厢上的人员联系好，为防溜车，操作抱闸人员应断续工作，并随时做好刹车准备；对无齿轮电梯，不得采取摇车方法。

19）不准带电作业，接近带电体时，要有可靠防护措施，派专人监护，检查控制柜各器件时，一定要断电工作。

20）底坑有人工作时，轿厢应停止运行，并将底坑的安全开关断开，如工作时间较长，还需断开总电源，并挂警示牌。

21）工作需要动车时，必须上下联系好，以检修速度断续间断运行，并派专人监护。

22）在检查换速及极限开关作业时，作业人员必须选好完全可靠的身体位置，司机要精神集中，听从指挥，开车前，必须重复口令。

2.4.7 故障（紧急）情况下的安全规定

1）电梯冲顶，工作人员首先将总动力电源断开，确保安全前提下，人力盘车至顶层平，开门再将人员安全放出。

2）电梯蹲底，工作人员首先将总动力电源断开，确保安全的前提下，人力盘车至首层平，开门再将人员安全放出。

3）电梯扎车，首先通知轿厢内人员，保持镇定，告知维修人员正在排除障碍，确保大家迅速安全离开轿厢。维修人员检查限速器及安全拉杆，并将限速器及安全钳开关短接。在轿厢上与机房的维修人员配合联系好后，以检修速度点动上行，检查无异常，方可将轿厢以检修运行到就近楼层，平层开门，安全将轿厢内人员放出。

4）电梯不关门，在处理故障前，必须预测关门后轿厢随时有向上或下走车的可能，故此时电梯不准载客，维修人员要严防电梯突然启动伤人。并严禁不关门就开车。

5）电梯不开门，轿厢未停于平层位置，当轿厢内有人时，要先与轿厢内的人讲清楚，请听从维修人员的指挥，不要慌乱。首先断开动力电源，机房人力盘车至就近层平层，然后手动开门，将轿厢内人员安全放出，不得在机房控制屏上强行开门，确实需要时必须采取安全技术措施后执行。

6）在任何情况下，严禁在机房短接门锁接点开车。

2.4.8 电梯大、中修理工程安全规定

1. 对新用工具的检查及易燃易爆物品的保存

1）在工作前一定要检查工具是否灵活、安全、可靠，电动工具非带电金属外壳必须有接零或接地保护。

2）使用高凳作业时，必须检查完好，有防滑防倾倒等措施。

3）对使用易燃易爆的酒精，不准有明火，用剩下的要妥善封闭保存，废弃物必须妥善处理。

2. 在大、中修工作中应做到的规定

1) 检查机房顶预埋的吊环负载是否符合要求。没有预埋吊钩环的，要搭设起重架，荷载必须满足安全系数规定。未经建设单位及设计单位书面同意，不准利用建筑物进行吊装。

2) 使用捯链吊装设备，不得使捯链长期承重。

3) 在检修曳引机时，需摘掉曳引绳时，必须在底坑用木方将对重顶牢。吊起轿厢（轿厢内无人），在机房提升保险绳，使轿厢栏杆提起，再使限速器工作。将保险绳扎住，并锁车，再缓缓放松捯链，使轿厢下降，待安全钳将轿厢挟住时，将捯链锁死，使捯链及安全钳同时使用，此时梯井停止作业。

4) 曳引机拆卸前必须断开总电源。放油时不得使油流到地面或井道内。

5) 对齿轮变速箱和传动部件进行清洗检查，将箱内底面的污物一定要清除干净，对齿轮、轴和轴承等要认真检查，确认正常无损，箱内无异物，再封盖组装。

6) 组装完毕后，进行详细检查验证，各部位螺栓齐全紧固，销钉齐全，尾部劈开。灌入适量型号符合要求的新油。

7) 按照拆卸相反工艺程序，进行拆吊具、捯链，将现场清理干净。将抱闸和轿厢拉条松下，调整适当可靠，进行手动盘车，正常无误。

8) 井道、轿厢经检查确认无障、无阻、无误、无撞挂现象，上、下、内、外人员联系，有呼应以后，方准合闸送电，先开检修速度，上下运行，听、观检查，确认无异常现象，再转快车运行。

2.4.9 电梯拆除安全技术规定

1) 机房控制柜拉一根随缆至轿厢，接一临时慢车运行操作盒，操作盒必须具备慢上慢下运行功能，并设急停开关，操作盒要有可靠接地，电气按钮要互锁。

2) 对临时操作盒进行试运转，检查操作盒的慢上、慢下、急停、互锁功能应安全可靠。

3) 拆除机房线路：

(1) 关断电梯总电源，拆掉轿厢照明电源线，拆除控制柜、信号柜内端子板以下与慢车运行无关的所有线路，保留慢车回路及制动器线路等。

(2) 重新检查机房线路拆除后对慢车运行线路，是否正常。

(3) 检查所拆除的线路有否遗留隐患，严禁带电作业。

(4) 拆除部分对重砣块。把轿厢和对重开到中间层的同一水平线上，在轿厢上拆下部分对重砣，拆除量为载重量的40%～50%，使轿厢空载时与对重平衡，以防拆除过程中溜车。万一出现溜车现象，施工人员应采取紧急措施，手动搬拉杆闸车，其他施工人员应在轿厢平台原地蹲下，严禁乱跳乱动。

4) 拆除轿厢部分部件

(1) 将轿厢开到底层，拆除门机系统、轿顶、轿壁，只留轿底做下工作平台用。在平台上立四根立杆（钢管 48～51mm），在高于平台 1m 处三面搭绑护身栏，在低于上梁 760mm 处搭一工作台（工作平台载荷不得小于 250kg/m²），以备拆轨道及厅门之用。上层平台要设置护身栏，其高度不得低于 1m。拆除过程中，施工人员要互相配合。

（2）拆除轿厢随线时，轿厢在最底层，拆除轿厢端随线的接头向上开车，随着轿厢上行把随线盘好，直至拆下随线的另一端头，在拆除随线的过程中，开车人员和拆除人员要密切配合，有呼有应，拆下的随线要及时运到指定地点码放整齐。

5）拆除井道内的管、线、槽及器件。将轿厢开到最高层，从上往下，分断拆除井道内的管、线、槽及器件，边开车边拆。凡能在轿厢平台上拆的部件应全部拆除，拆下的物件放到轿厢内不影响工作的地方码放好，注意不要超出平台刮碰井道的凸出部分，在拆除过程中必须将安全带挂在牢固地方。

6）拆除厅门。将轿厢开到最高层，分别拆除门扇、上坎、立柱、底坎以及层显外面。在上坎和门扇拆除时要互相配合，防止上坎掉下、门扇倾倒，上坎重量较大的可使用卷扬机或滑轮等工具运出，拆除下来的物体应及时运走码放整齐，拆运过程中严禁超载运行。拆除后做好厅门安全防护工作。

7）拆除大小道架及轨道：

（1）拆除前的准备：

① 在底层梯井外固定一台卷扬机和滑轮，滑轮的位置固定在底坑对重与轿厢之间。

② 在机房楼板下方吊两个滑轮，一个设在对重侧的绳孔下方，另一个设在四根轨道的中心偏侧面，剔一孔，吊一滑轮。吊滑轮的上下固定点，必须绑扎牢固可靠。

③ 上下通信联络信号必须灵敏、清晰、准确。

④ 准备两个向下吊通的卡环。其上下错开的长度要根据现场道节的实际情况决定。

（2）拆除大小道架及轨道。从上往下，大小道同时拆。此过程中，先拆小道，再拆大道，拆时先将卷扬机钢丝绳挂下卡环，用它把被拆道挂牢，向下开车割掉道架子，拆除接道板螺栓，使卷扬机把道吊起，离开底道后，启动卷扬机被拆道运到底层指定地点，码放整齐。操作过程中应选好位置，站稳站好，精神集中，注意联络信号，当对重与轿厢运行到同一位置时，必须在对重下侧中间处固定一拖拉绳，预防对重自转或与建筑物发生碰撞，在对重靠墙侧，焊上弧形碰铁。

（3）用大绳将限速器的钢丝绳放下，拆除。

8）拆除对重和剩余轿厢部件：

（1）拆除轿厢架前应用 100mm×100mm 的两根木方支在轿厢的底梁上，其高度应与轿底和底层地坎平。

（2）拆除轿厢平台上的全部护栏和第二平台，运到指定地点，码放整齐。

（3）使用卷扬机拆除轿厢底盘，操作人员在拆除过程中必须选好站立位置。

（4）用大绳将卷扬机钢丝绳末端从对重侧放下来，将底层滑轮移到轿厢底梁前的中心位置，滑轮固定牢固可靠。

（5）将两根曳引绳用相互匹配的三道绳卡子卡牢。将卷扬机钢丝绳穿过曳引绳绳卡子的上端后，回头再用三道相互匹配的绳卡子止牢。其他的曳引机钢丝绳也和它们卡牢在一起，起动卷扬机和操作盘，将轿厢侧绳头松弛，拆掉轿厢侧的所有绳头螺栓。

（6）卷扬机放绳，利用卷扬机慢慢将对重放下，直到底层，再将对重稳住固定，再拆除对重侧的所有曳引绳头螺栓。

（7）卷扬机继续放绳，直至把轿厢侧的曳引绳全部拖出梯井，将固定卷扬机和曳引绳的卡绳板松开。

（8）使用卷扬机将对重架吊起，拆除对重砣块，再用卷扬机将对重架缓慢拖出，拆除。

（9）用卷扬机分别拆除轿厢上梁、立柱和下梁。

（10）拆除底道道架轨道，缓冲器及底坑所有部件。

9）拆除机房所有部件：

（1）切断总电源、管线、临时操作盒以及选层器和限速器等小型部件。

（2）拆除曳引机、承重梁、抗绳轮和机房内与电梯有关的所有设施全部拆除，所拆除的物件运到指定地点。运输和存放，必须注意楼房承重荷载。

（3）用大绳将卷扬机钢丝绳放下、收好，拆除机房和底层滑轮。

（4）将机房清理干净，孔洞盖牢，机房门窗关好。